U0353122

本书由
大连市人民政府资助出版
The published book is sponsored
by the Dalian Municipal Government

大连理工大学学术文库

# 天然气水合物储层力学特性及本构模型研究

**Tianranqi Shuihewu Chuceng Lixue**
**Texing ji Bengou Moxing Yanjiu**

李洋辉　著

大连理工大学出版社

**图书在版编目(CIP)数据**

天然气水合物储层力学特性及本构模型研究 / 李洋
辉著. — 大连：大连理工大学出版社，2018.7
ISBN 978-7-5685-1100-1

Ⅰ. ①天… Ⅱ. ①李… Ⅲ. ①天然气水合物－储集层
－力学－特性②天然气水合物－储集层－力学模型 Ⅳ.
①P618.13

中国版本图书馆 CIP 数据核字(2017)第 266184 号

大连理工大学出版社出版
地址:大连市软件园路 80 号　邮政编码:116023
发行:0411-84708842　邮购:0411-84708943　传真:0411-84701466
E-mail:dutp@dutp.cn　　URL:http://dutp.dlut.edu.cn
大连金华光彩色印刷有限公司印刷　大连理工大学出版社发行

幅面尺寸:155mm×230mm　　印张:14.75　　字数:155 千字
2018 年 7 月第 1 版　　　　　2018 年 7 月第 1 次印刷

责任编辑:邃东敏　赵晓艳　　　　　责任校对:唐　爽
封面设计:孙宝福

ISBN 978-7-5685-1100-1　　　　　定　价:45.00 元

本书如有印装质量问题,请与我社发行部联系更换。

Dalian University of Technology Academic Series

# Study on Mechanical Properties and Constitutive Model of Methane Hydrate-Bearing Layers

## Li Yang-hui

Dalian University of Technology Press

# 序

教育是国家和民族振兴发展的根本事业。决定中国未来发展的关键在人才，基础在教育。大学是培育创新人才的高地，是新知识、新思想、新科技诞生的摇篮，是人类生存与发展的精神家园。改革开放三十多年，我们国家积累了强大的发展力量，取得了举世瞩目的各项成就，教育也因此迎来了前所未有的发展机遇。国内很多高校都因此趁势而上，高等教育在全国呈现出欣欣向荣的发展态势。

在这大好形势下，我校本着"海纳百川、自强不息、厚德笃学、知行合一"的精神，长期以来在培养精英人才、促进科技进步、传承优秀文化等方面进行着孜孜不倦的追求。特别是在人才培养方面，学校上下同心协力，下足功夫，坚持不懈地认真抓好培养质量工作，营造创新型人才成长环境，全面提高学生的创新能力、创新意识和创新思维，一批批优秀人才脱颖而出，其成果令人欣慰。

优秀的学术成果需要传播。出版社作为文化生产者，一直肩负着"传播知识，传承文明"的历史使命，积极推进大学文化建设和大学学术文化传播是出版社的责任。我非常高兴地看到，我校出版社能够始终抱有这种高度的使命感，积极挖掘学校的学术出版资源，以充分展示学校的学术活力和学术实力。

在我校研究生院的积极支持和配合下，出版社精心策划和编辑出版的"大连理工大学学术文库"即将付梓面市，该套丛书也获得了大连市政府的重点资助。第一批出版的是获得"全国百优博士论文"称号的6篇博士论文。这6篇论文体现了化工、土木、计算力学等专业的学术培养成果，有学术创新，反映出我校近几年博士生培养的水平。

评选优秀学位论文是教育部贯彻落实《国家中长期教育改革和发展规划纲要》、实施辽宁省"研究生教育创新计划"的重要内容,是提高研究生培养和学位授予质量,鼓励创新,促进高层次人才脱颖而出的重要举措。国务院学位办和省学位办从 1999 年开始首次评选,至今已开展 14 次。截至目前,我校已有 7 篇博士学位论文荣获全国优秀博士学位论文,30 篇博士学位论文获全国优秀博士学位论文提名论文,82 篇博士学位论文获辽宁省优秀博士学位论文。所有这些优秀博士学位论文都已被列入"大连理工大学学术文库"出版工程之中,在不久的将来,这些优秀论文会陆续出版。我相信,这些优秀论文的出版在传播学术文化和展示研究生培养成果的同时,一定会在全校范围内营造出一个在学术上争先创优的良好氛围,为进一步提高学校的人才培养质量做出重要贡献。

博士生是我们国家学术发展最重要的力量,在某种程度上代表了国家学术发展的未来。因此,这套丛书的出版必然会有助于孵化我校未来的学术精英,有效推动我校学术队伍的快速成长,意义极其深远。

高等学校承担着人才培养、科学研究、服务社会、文化传承与创新四大职能任务,人才培养作为高等教育的根本使命一直是重中之重。2012 年辽宁省启动了"大连理工大学领军型大学建设工程",明确要求我们要大力实施"顶尖学科建设计划"和"高端人才支撑计划",这给我校的人才培养提供了新的机遇。我相信,在全校师生的共同努力下,立足于持续,立足于内涵,立足于创新,进一步凝心聚力,推动学校的内涵式发展;改革创新,攻坚克难,追求卓越,我校一定会迎来美好的学术明天。

中国科学院院士

申长雨

2013 年 10 月

# 前　言

　　天然气水合物由水和烃类气体(主要是甲烷)在低温高压条件下形成,主要存在于永久冻土带、大陆边缘的海底沉积物以及内陆湖的深水沉积物中。保守估计,全球天然气水合物中有机碳含量相当于目前已探明常规化石燃料(煤、石油、天然气等)总碳量的2倍以上。天然气水合物作为一种潜在的清洁能源,因其在世界范围内分布广、储量大,故引起世界各国包括我国政府在内的高度关注。苏联、美国、日本、加拿大以及印度等国相继投入大量资金对其物理/化学特性、资源勘探技术、安全开采技术以及环境影响等进行了大量的考察和研究。1969年,美国开始实施天然气水合物调查,并于1998年将其作为国家发展的战略能源列入国家级长远计划。美国能源部在2000年启动了为期15年的"甲烷水合物研究与资源开发利用"研究规划。日本政府实施了以天然气水合物商业开采为最终目标的"MH21课题计划",目前已基本完成周边海域的天然气水合物调查与评价,并于2013年3月成功地进行了天然气水合物海上试开采。近年来,我国分别在南海北部神狐海域(2007年)、青海省祁连山南缘永久冻土带(2009年)以及广东沿海珠江口盆地东部海域(2013年)钻获天然气水合物岩芯样品,说明我国也具有丰富的天然气水合物资源。2017年5月18日,我国南海神狐海域天然气水合物试采实现连续7天19小时的稳定产气,取得天然气水合物试采的历史性突破。随着我国天然气水合物资源勘探工作取得不断进展,对其安全、高效开采已成为我国未来天然气水合物资源利用面临的重大课题。

　　现阶段提出的天然气水合物开采方法主要有注热法、降压法、注化学试剂法以及 $CO_2$ 置换法等,其基本思路都是通过破坏天然气水合物稳定存在的温度、压力条件,促使其在地层中分解为天然气和水,然后将天然气采集至地面并加以利用。然而,天然气水合物分解会造成储层胶结结构的破坏,在地层应力作用下,储层会由于承载力下降而发生沉降或变形,并且随着开采过程中水合物分解区域的扩展,可能导致储层发生剪切破坏,进而诱发海底滑坡、生产平台下陷倒塌等灾害。因此,在天然气水合物资源商业化开采之前,必须充分了解和掌握天然气水合物储层的力学稳定性及其失稳的内在机制,以确保开采过程的安全。

本书分为7章:第1章介绍了天然气水合物勘探与开发的现状,系统地综述了天然气水合物储层力学稳定性国内外研究进展,主要包括相关设备的研制、力学特性实验研究、本构模型研究等;第2章研究了冻土区天然气水合物沉积物的力学特性、强度准则及其本构模型;第3章研究了含冰粉天然气水合物的力学特性及强度准则;第4章详细阐述了天然气水合物分解(注热法、降压法)对海底沉积物力学特性的影响;第5章研究了海底气饱和天然气水合物沉积物的力学特性及其影响因素,并与水饱和天然气水合物沉积物的力学特性进行了比较;第6章比较了 $CO_2$ 与天然气水合物沉积物力学特性的差异,阐明了置换法开采天然气水合物储层的力学稳定性;第7章提出了一个适用于海底天然气水合物沉积物的弹塑性本构模型,介绍了与模型相关的基本理论(修正剑桥模型、次加载面理论等)、基本假设、本构方程的诱导以及本构方程的验证和参数的确定。

本书获得国家重点研发计划项目(2017YFC0307305)和国家自然科学基金项目(51509032)的资助。特别感谢大连理工大学宋永臣教授、刘卫国教授,日本山口大学 Masayuki Hyodo 教授多年来对笔者的学术指导、关怀和鼓励。同时,也要感谢众多专家和同事在多年的科研合作中给予的启迪与帮助。

本书获得大连市人民政府资助出版,在此深表谢意!

限于时间和作者的能力,本书仍可能有不当之处,恳请读者批评指正。

**编　者**
2018 年 5 月

# 目　　录

第1章　绪　论 ……………………………………… 1
　1.1　天然气水合物勘探与开发现状 ……………… 1
　1.2　天然气水合物与地质灾害 …………………… 4
　1.3　天然气水合物储层稳定性研究进展 ………… 6
　　1.3.1　天然气水合物沉积物力学特性实验装置研究
　　　　　进展 …………………………………… 7
　　1.3.2　天然气水合物沉积物力学特性实验研究进展 …… 22
　　1.3.3　天然气水合物沉积物本构模型研究进展 …… 37
第2章　冻土区天然气水合物沉积物力学特性研究 …… 44
　2.1　实验装置、材料与方法 ……………………… 45
　　2.1.1　实验装置 ………………………………… 45
　　2.1.2　实验材料 ………………………………… 48
　　2.1.3　实验方法与步骤 ………………………… 49
　　2.1.4　实验内容 ………………………………… 53
　2.2　冻土区天然气水合物沉积物力学特性 ……… 53
　　2.2.1　应力应变曲线 …………………………… 54
　　2.2.2　围压影响 ………………………………… 56
　　2.2.3　温度影响 ………………………………… 59
　2.3　冻土区天然气水合物沉积物强度准则 ……… 62
　　2.3.1　不同围压条件下冻土区天然气水合物沉积物
　　　　　强度准则 ………………………………… 62
　　2.3.2　高围压条件下冻土区天然气水合物沉积物强度
　　　　　准则 …………………………………… 68
　2.4　高围压条件下冻土区天然气水合物沉积物本构模型 … 71
　　2.4.1　天然气水合物沉积物的修正 Duncan-Chang
　　　　　模型 …………………………………… 71
　　2.4.2　修正 Duncan-Chang 模型验证 ………… 75

**第3章　含冰粉天然气水合物力学特性研究** ················· 79

　3.1　实验装置、材料与方法 ···························· 80

　　3.1.1　实验装置与材料 ···························· 80

　　3.1.2　实验方法与步骤 ···························· 80

　　3.1.3　实验内容 ································ 82

　3.2　含冰粉天然气水合物力学特性 ······················ 82

　　3.2.1　应力应变曲线 ····························· 82

　　3.2.2　围压影响 ································ 89

　　3.2.3　水合物体积含量影响 ························· 91

　　3.2.4　含冰粉天然气水合物破坏强度 ·················· 92

　3.3　含冰粉天然气水合物强度准则 ······················ 94

**第4章　天然气水合物分解对海底沉积物力学特性影响研究** ···
················································· 100

　4.1　实验装置、材料与方法 ···························· 102

　　4.1.1　实验装置 ································ 102

　　4.1.2　实验材料 ································ 106

　　4.1.3　实验方法与步骤 ···························· 108

　　4.1.4　实验内容 ································ 108

　4.2　注热分解对海底天然气水合物沉积物力学特性
　　　　影响 ····································· 110

　　4.2.1　注热分解对等压固结试样力学特性的影响 ··· 110

　　4.2.2　注热分解对 $K_0$ 固结试样力学特性的影响 ······ 115

　4.3　降压分解对海底天然气水合物沉积物力学特性
　　　　影响 ····································· 119

　　4.3.1　降压分解对等压固结试样力学特性的影响 ··· 119

　　4.3.2　降压分解对 $K_0$ 固结试样力学特性的影响 ······ 124

　4.4　降压速率、降压幅度对试样变形特性及饱和度的
　　　　影响 ····································· 130

**第5章　海底气饱和天然气水合物沉积物力学特性研究** ······· 136

　5.1　实验装置、材料与方法 ···························· 138

5.1.1　实验装置与材料　…………………… 138

5.1.2　实验方法与步骤　…………………… 138

5.1.3　实验内容　…………………………… 139

5.2　海底气饱和天然气水合物沉积物力学特性　……… 140

5.2.1　水合物饱和度影响　………………… 140

5.2.2　孔隙压力影响　……………………… 146

5.2.3　有效围压影响　……………………… 148

5.2.4　温度影响　…………………………… 152

5.2.5　气饱和与水饱和天然气水合物沉积物力学

特性差异　……………………………… 153

第6章　CO₂与天然气水合物沉积物力学特性比较研究　…… 158

6.1　实验装置、材料与方法　………………… 160

6.1.1　实验装置与材料　…………………… 160

6.1.2　实验方法与步骤　…………………… 160

6.1.3　实验内容　…………………………… 161

6.2　CO₂与天然气水合物沉积物力学特性比较　……… 162

6.2.1　应力应变曲线　……………………… 162

6.2.2　饱和度影响　………………………… 166

6.2.3　有效围压影响　……………………… 167

6.2.4　温度影响　…………………………… 171

6.2.5　剪切强度比较　……………………… 172

第7章　海底天然气水合物沉积物本构模型研究　………… 175

7.1　本构模型介绍　…………………………… 176

7.1.1　修正剑桥模型简介　………………… 176

7.1.2　次加载面理论简介　………………… 181

7.2　海底天然气水合物沉积物本构模型　……… 183

7.2.1　基本假设　…………………………… 184

7.2.2　本构方程诱导　……………………… 184

7.2.3　本构方程验证及参数的确定　……… 192

参考文献　……………………………………… 198

# Table of Contents

1 Introduction ································································· 1

  1. 1  Current Status of Methane Hydrate Survey and
      Exploitation ······················································· 1

  1. 2  Methane Hydrate and Geologic Hazard ················· 4

  1. 3  Research Progress on the Stability of Methane
      Hydrate-Bearing Layers ········································ 6

    1. 3. 1  Mechanical Property Testing Apparatus
           for Methane Hydrate-Bearing Sediments ············ 7

    1. 3. 2  Mechanical Property of Methane Hydrate-
           Bearing Sediments ······································ 22

    1. 3. 3  Constitutive Model of Methane Hydrate-
           Bearing Sediments ······································ 37

2   Mechanical Property of Permafrost-associated Methane
   Hydrate ····························································· 44

  2. 1  Experimental Apparatus, Materials and Method ······ 45

    2. 1. 1  Experimental Apparatus ···························· 45

    2. 1. 2  Experimental Materials ····························· 48

    2. 1. 3  Experimental Method and procedure ············· 49

    2. 1. 4  Experimental Content ······························ 53

  2. 2  Mechanical Property of Permafrost-associated
      Methane Hydrate ·············································· 53

    2. 2. 1  Stress-Strain Curves ······························· 54

    2. 2. 2  Effect of Confining Pressure ····················· 56

    2. 2. 3  Effect of Temperature ····························· 59

2. 3   Strength Criteria for Permafrost-associated
        Methane Hydrate ·················································· 62
    2. 3. 1   Strength Criteria under Various Confining
             Pressures ·················································· 62
    2. 3. 2   Strength Criteria under High Confining Pressures  ··· 68
2. 4   Constitutive Model under High Confining Pressures ······· 71
    2. 4. 1   Modified Duncan-Chang Model ···················· 71
    2. 4. 2   Verification of Modified Duncan-Chang Model ······ 75
3   **Mechanical Property of Methane Hydrate Containing Ice** ········ 79
3. 1   Experimental Apparatus, Materials and Method ······ 80
    3. 1. 1   Experimental Apparatus and Materials ············ 80
    3. 1. 2   Experimental Method and Procedure ·············· 80
    3. 1. 3   Experimental Content ·························· 82
3. 2   Mechanical Property of Methane Hydrate Containing
        Ice ·················································· 82
    3. 2. 1   Stress-Strain Curves ·························· 82
    3. 2. 2   Effect of Confining Pressure ····················· 89
    3. 2. 3   Effect of Methane Hydrate Volume Content ······ 91
    3. 2. 4   Failure Strength of Methane Hydrate Containing
             Ice ·················································· 92
3. 3   Strength Criteria for Methane Hydrate Containing Ice ······ 94
4   **Effect of Methane Hydrate Dissociation on the
    Mechanical Property of Marine Sediments** ···················· 100
4. 1   Experimental Apparatus, Materials and Method  ··· 102
    4. 1. 1   Experimental Apparatus ····················· 102
    4. 1. 2   Experimental Materials ······················· 106
    4. 1. 3   Experimental Method and Procedure ············ 108
    4. 1. 4   Experimental Content ························· 108
4. 2   Effect of Thermal Recovery Method ···················· 110
    4. 2. 1   Isotropically Consolidated Specimens ············ 110

4.2.2 $K_0$ Consolidated Specimens ···················· 115

4.3 Effect of Depressurization Method ··················· 119

4.3.1 Isotropically Consolidated Specimens ··········· 119

4.3.2 $K_0$ Consolidated Specimens ····················· 124

4.4 Effect of Depressurization Rate and Pressure Reduction

············································································· 130

5 **Mechanical Property of Gas-saturated Methane Hydrate-**

**Bearing Sediments** ·············································· 136

5.1 Experimental Apparatus, Materials and Method ··· 138

5.1.1 Experimental Apparatus and Materials ········· 138

5.1.2 Experimental Method and Procedure ··········· 138

5.1.3 Experimental Content ····························· 139

5.2 Mechanical property of Gas-saturated Methane

Hydrate-Bearing Sediments ····························· 140

5.2.1 Effect of Hydrate Saturation ···················· 140

5.2.2 Effect of Pore Pressure ·························· 146

5.2.3 Effect of Effective Confining Pressure ··········· 148

5.2.4 Effect of Temperature ····························· 152

5.2.5 Comparison to the Water-saturated Specimens ······ 153

6 **Mechanical Property of $CO_2$ and Methane Hydrate-**

**Bearing Sediments** ·············································· 158

6.1 Experimental Apparatus, Materials and Method ··· 160

6.1.1 Experimental Apparatus and Materials ········· 160

6.1.2 Experimental Method and Procedure ··········· 160

6.1.3 Experimental Content ····························· 161

6.2 Mechanical Property of $CO_2$ and Methane Hydrate-

Bearing Sediments ······································· 162

6.2.1 Stress-Strain Curves ····························· 162

6.2.2 Effect of Hydrate Saturation ···················· 166

6.2.3 Effect of Effective Confining Pressure ··········· 167

6. 2. 4　Effect of Temperature ································ 171

6. 2. 5　Shear Strength ······································· 172

**7　Constitutive Model for Submarine Methane Hydrate-**

**Bearing Sediments** ········································· 175

7. 1　Introduction of Constitutive Model ·················· 176

7. 1. 1　Introduction of Modified Cam-Clay Model ······ 176

7. 1. 2　Introduction of Subloading Surface Theory ······ 181

7. 2　Constitutive Model for Submarine Methane Hydrate-

Bearing Sediments ······································· 183

7. 2. 1　Basic Hypothesis ································· 184

7. 2. 2　Derivation of Constitutive Model ················ 184

7. 2. 3　Verification of the Proposed Constitutive Model ····· 192

**Reference** ················································· 198

# 第1章 绪 论

随着我国经济持续高速增长,能源供需矛盾以及环境问题日益突出,能源安全问题已成为制约我国经济可持续发展的瓶颈和战略安全的隐患。改变以煤为主的能源结构、提高能源利用效率、开发清洁高效的新能源(核电、水电、太阳能等)是解决我国未来能源问题和环境问题的主要出路。天然气水合物作为一种潜在的清洁能源,已受到越来越多的科学家和政府的关注,并已成为很多国家考虑能源战略平衡发展的重要因素[1]。在能源日益短缺的今天,开发天然气水合物资源无疑可为我国解决能源问题和环境问题带来新的希望。

## 1.1 天然气水合物勘探与开发现状

天然气水合物资源量丰富、能量密度高,是一种极具开发前景的清洁能源,其安全开采已成为21世纪石油天然气工业新的研究热点[2-4]。天然气水合物在自然界的分布十分广泛,主要存在于永久冻土带、大陆边缘的海底沉积物以及内陆湖的深水沉积物中(图

1.1)[4-6],目前世界上已有 116 个地区发现了天然气水合物矿藏[7]。据估计,全球天然气水合物中的碳储量为 $1.8×10^3$ Gt,转换成标准状况下甲烷气体体积为 $3.0×10^{15}$ $m^3$,相当于目前全球已探明常规化石燃料总碳量的 2 倍以上[8,9]。

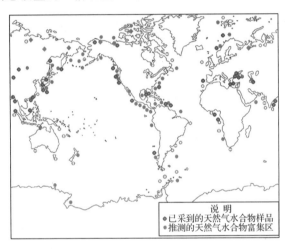

图 1.1　全球天然气水合物矿藏分布图

Fig. 1.1　Worldwide locations of methane hydrate reservoir

根据极地冻土区和海底陆坡区天然气水合物赋存地质条件[9](图 1.2)分析,我国南海、东海、黄海等海域以及青藏高原冻土区都可能存在天然气水合物矿藏[10-13]。2007 年 5 月,国土资源部中国地质调查局在我国南海北部神狐海域成功钻取天然气水合物沉积物样品,证实了我国南海北部蕴藏有丰富的天然气水合物资源。2009 年 9 月,国土资源部宣布在青海省祁连山南缘永久冻土带成功钻获天然气水合物实物样品,证明我国冻土区同样存在天然气水合物资源。2013 年 6 月至 9 月,我国在广东沿海珠江口盆地东部海域首次钻获了高纯度天然气水合物岩芯,折合天然气控制储量为$(1.0\sim1.5)\times10^{11}$ $m^3$。随着天然气水合物资源勘探的不断深入，我国的天然气水合物资源呈现出巨大的资源前景。开采并利用这些天然气水合物资源，对满足我国日益增长的能源消费需求、改善以煤为主的能源消费结构以及解决能源安全问题具有重要的战略意义。

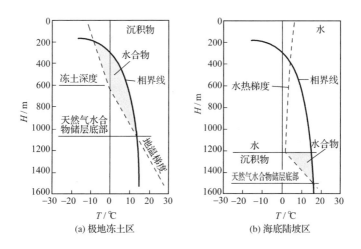

图 1.2　极地冻土区和海底陆坡区天然气水合物赋存地质条件

Fig. 1.2　Phase diagrams for methane hydrate in both Arctic

permafrost and marine continental margin settings

随着油气资源可采量的减少、消耗量的增加，加之天然气水合物巨大的商业开发前景，苏联、美国、日本及印度等国相继投入大量资金对其物理/化学特性、资源勘探技术、安全开采技术以及环境影响等进行了大量的考察和研究[14-21]。1960 年，苏联在西伯利亚发现了第一个天然气水合物气藏（麦索亚哈气田），并成功实现了商业性开采。1969 年，美国开始实施天然气水合物调查，并于1998 年将其作为国家发展的战略能源列入国家级长远计划。美国能源部在 2000 年启动了为期 15 年的"甲烷水合物研究与资源开发利用"研究规划，计划到 2015 年实现商业性试开采。美国国家石油委员会预测，美国将在 2050 年前实现墨西哥湾等海上天然气水合物的大规模开采。日本政府实施了以天然气水合物商业开采为最终目标的"MH21 课题计划"，目前已基本完成周边海域的天然气水合物调查与评价，并于 2013 年 3 月成功地进行了天然气水合物海上试开采，吸引了全世界的关注。我国的天然气水合物研究起步相对较晚，但是资源储量丰富。2010 年，国土资源部也明确提出，在确保环境、生态效益的前提下安全高效地开采天然气水合物资源。同时，美国、日本等发达国家的勘探开发经验也为我国今后天然气水合物的安全开采提供了重要参考。

## 1.2  天然气水合物与地质灾害

天然气水合物不同于常规的石油、天然气等资源，它以胶结或者骨架支撑的形式存在于储层中[22, 23]。它是一种亚稳态物质，温度升高或者压力降低都有可能造成水合物分解[14, 24, 25]。在天然气水合物勘探钻井过程中，由于钻具摩擦生热、钻井内压力的变化以及钻井液中盐分的影响，都有可能导致钻遇地层中水合物的分解[26]，使储层承载力下降。分解产生的孔隙气、孔隙水增加了地层的孔隙压力，使井周围岩的有效应力降低，同时含水量的增加会使颗粒间胶结作用减弱，进而导致井眼失稳。在天然气水合物开采过程中，水合物的分解会影响储层的结构稳定性（强度降低），并且随着开采过程中水合物分解区域的扩展，可能诱发地层变形、海底滑坡、生产平台下陷倒塌等灾害[27,28]。图 1.3 所示为天然气水合物分解与海底滑坡、气候变化等关系的示意图。此外,由于甲烷还是一种具有温室效应的气体,天然气水合物储层结构的失稳有可能诱发大规模的甲烷气体泄漏,对全球气候变化具有潜在影响[17,18]。

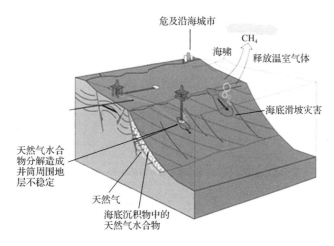

图 1.3　天然气水合物分解与海底滑坡、气候变化等关系的示意图

Fig. 1.3　Schematic diagram of the relationships between the methane

hydrate dissociation and submarine landslides, climate change, etc.

海底滑坡是一种常见的地质灾害。一般来说,坡度小于或等于 5°的海底斜坡在大陆边缘是较为稳定的,但仍发现有许多滑坡体存在。这些滑坡体的顶部深度通常接近于天然气水合物分布带的顶部深度。地震坡面显示,在滑坡体下面的沉积层中几乎不存在天然气水合物。诱发滑坡发生的一种机理是:位于天然气水合物储层底部的天然气水合物分解,使天然气水合物储层从胶结状态转变为充满气体的状态,进而使天然气水合物储层强度迅速降低,最终导致滑坡的发生。

虽然天然气水合物勘探与开发可能造成严重的地质灾害,但实际的证明材料却不多。许多学者尝试将大陆边缘的一些大型滑坡现象与天然气水合物分解引起的储层失稳联系起来。目前已知最大的海底滑坡是挪威大陆边缘的 Storrega 滑坡,它留下了 290 km 长的谷头陡壁断崖,向下陆坡延伸超过 800 km,其首次滑塌可能释放了 $5.0 \times 10^{12}$ kg 的甲烷气体,这可能与天然气水合物的分解有关。

人类正在不断地认识天然气水合物资源,并在不久的将来将对其实现商业化开采,而由此产生的海底地质灾害也可能不断地增加。

## 1.3 天然气水合物储层稳定性研究进展

天然气水合物沉积物的力学特性是建立本构模型、评价天然气水合物储层稳定性的依据,对天然气水合物资源的安全开采具有重要意义。然而,由于天然气水合物只能在低温、高压条件下稳定存在,之前没有合适的设备用于天然气水合物沉积物的力学特性实验研究,且相关的实验技术也不成熟,因此早期有关天然气水合物的研究主要集中在基础物性的测量、传热传质特性以及生成、分解特性等。随着天然气水合物研究的不断深入,实验技术得到一定发展,政府也对实现天然气水合物商业化开采需求迫切,有关天然气水合物储层稳定性的研究取得一定的进展,主要包括:天然气水合物沉积物力学特性相关设备的研制、力学特性实验研究、本构模型研究等。

### 1.3.1　天然气水合物沉积物力学特性实验装置研究进展

天然气水合物沉积物力学特性实验对实验装置的要求主要体现在：①较低的温度和较高的压力维持天然气水合物的稳定；②能够模拟天然气水合物储层的应力状态；③实现天然气水合物的原位生成与分解；④实现天然气水合物饱和度控制及分解过程中各种参数的在线测量等。天然气水合物沉积物既有土的主要特性，又区别于土，在正确认识这种差异的基础上，可以借用土力学的手段研究其力学特性。三轴仪是研究土体力学特性的理想设备，且因其实验原理和操作方法相对简单而得到广泛应用[25]。在常规三轴仪的基础上，考虑天然气水合物实验的特殊条件，对常规三轴仪进行改装，使其满足天然气水合物沉积物力学特性实验的要求，是目前解决该问题的主要手段。

图 1.4 所示为日本山口大学（Yamaguchi University）早期（1996~2000 年）研制的低温、高压天然气水合物三轴仪[29]。该装置通过将三轴压力室放置在冷冻室内提供天然气水合物沉积物试样所需的低温条件。其温度控制范围为 −34 ℃~室温，能够提供的最高围压为 8 MPa，试样尺寸为 $\phi15$ mm×30 mm。此实验装置不能控制试样的孔隙压力，即不能实现天然气水合物的原位生成与分解，获得的实验数据能否反映实际天然气水合物储层的强度及变形特性还有待进一步验证。另外，他们采用混合制样法制备天然气水合物沉积物试样，其中压型装置能够提供最大 50 MPa 的轴向荷载。具体制备过程如下（图 1.5）：①将冷冻室的温度降低到 −30 ℃，以防止水合物的分解；②将天然气水合物和丰浦砂按一定比例混合放入模具中，同时施加 12 MPa 轴向荷载；③提高温度到

+3 ℃,析出试样中多余的水分;④降低温度,防止天然气水合物分解,准备三轴压缩实验。

图 1.4　山口大学低温、高压天然气水合物三轴仪

Fig. 1. 4　Low-temperature and high-pressure triaxial apparatus for methane hydrate of Yamaguchi University

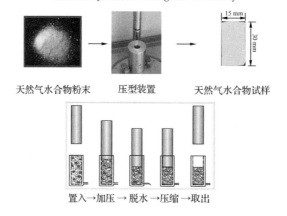

图 1.5　天然气水合物试样制备过程

Fig. 1. 5　Preparation of methane hydrate-bearing specimens

图 1.6 所示为日本长崎大学(Nagasaki University)研制的天然气水合物三轴仪[30]。该装置通过冷浴循环制冷提供天然气水合物稳定存在所需的低温环境($-30\sim+20$ ℃,控制精度为 $\pm0.5$ ℃),同时能够控制孔隙压力(10 MPa)和围压(10 MPa),最大轴向荷载为100 kN,在理论上能实现天然气水合物的原位生成与分解。由于早期实验技术不成熟以及实验条件的限制,长崎大学在早期的研究中用冰粉代替天然气水合物,并采用混合制样法制备试样。首先,将丰浦砂与粒径为 250 $\mu$m 的冰粉颗粒在 $-15$ ℃的冷冻室内混合;然后将其放入直径为 50 mm 的模具中,并在 50 MPa 的轴向荷载条件下压缩成型,最终获得的试样尺寸为 $\phi$50 mm×100 mm。从图 1.6 中可以看出,此装置在试样的周围安装有径向位移传感器,通过测量试样的径向位移可以间接获得试样的体积变形。

图 1.6 长崎大学天然气水合物三轴仪

Fig.1.6 Triaxial apparatus for methane hydrate of Nagasaki University

图 1.7 所示为美国国家能源技术实验室(NETL)与美国地质调查局(USGS)合作研制的天然气水合物及其沉积物室内测试装置[31]。该装置能够在直径 71 mm、高度 130～140 mm 的圆柱试样内模拟天然气水合物储层原位的温度、压力条件,实现天然气水合物的原位生成与分解,主要用于测试天然气水合物分解过程中及分解前后沉积物的物理特性,并通过声波法获得天然气水合物沉积物弹性模量等基础参数。但是此装置只适用于测试小应变条件下的强度及变形特性,且声波法获得的弹性模量等参数依赖于经验公式和模型的选择[22],与材料的实际性质存在一定的偏差。另外,该装置不能获得试样体积应变、应力应变曲线等用于建立本构模型和评价地层变形的重要基础数据。

图 1.7　天然气水合物及其沉积物室内测试装置(NETL & USGS)

Fig. 1.7　Gas Hydrate and Sediment Testing Laboratory Instrument (NETL & USGS)

图 1.8 所示为日本产业技术综合研究所(AIST)研制的天然气水合物三轴仪[32, 33]。其设计原理与日本长崎大学研制的天然气水合物三轴仪类似,都能实现天然气水合物的原位生成与分解,并能满足天然气水合物沉积物强度及变形特性测试的要求。该装置能够提供的最大轴向荷载为 200 kN,最大围压为 20 MPa,最大孔隙压力为 20 MPa,试样尺寸为 $\phi50$ mm×100 mm,温度控制范围为 $-30\sim+20$ ℃,控制精度为 $\pm0.5$ ℃。他们采用原位生成法制备天然气水合物沉积物试样,具体制备过程如下:①将丰浦砂与粒径为 250 $\mu$m 的冰粉颗粒按一定比例混合,然后放入模具中在 $-15$ ℃条件下压制成型;②将成型的试样放入三轴压力室内,调节温度至 $+3$ ℃,孔隙压力为 8 MPa,围压为 9 MPa;③保持上述状态 4～72 h,获得不同饱和度的天然气水合物沉积物试样。此装置制备的试样能够还原天然气水合物储层中天然气水合物的生成过程,获得的实验数据更接近实际储层的情况。然而,从图 1.8 中可以看到,此装置的加载装置安装在压力室外部,获得的强度数据包括活塞与压力室之间的摩擦力,因此获得的强度值可能高于实际值。另外,该装置同样只能测量试样的径向变形,不能准确测量天然气水合物沉积物试样的体积应变。

针对早期研制的天然气水合物三轴仪存在的问题和不足,日本山口大学重新设计开发了一套温控、高压天然气水合物三轴仪[34],如图 1.9 所示。此装置能够实现天然气水合物的原位生成与分解,采用双压力室设计测量非饱和试样的体积应变,同时将加载装置安装在压力室内部,解决了日本产业技术综合研究所等其

(a)

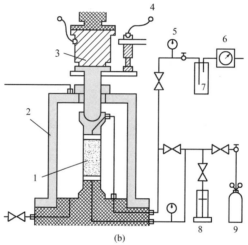

(b)

图 1.8 产业技术综合研究所(AIST)天然气水合物三轴仪

Fig. 1.8 Triaxial apparatus for methane hydrate of AIST

1—试样;2—三轴压力室;3—加载单元;4—位移传感器;

5—压力计;6—气体流量计;7—气水分离器;8—水;9—气

他水合物三轴仪获得的强度值高于实际值的问题。该装置的最大轴向荷载为 200 kN,最大围压为 30 MPa,最大孔隙压力为 20 MPa,试样尺寸为 $\phi$30 mm×60 mm,温度控制范围为 $-35\sim+50$ ℃,控制精度为 $\pm0.5$ ℃。

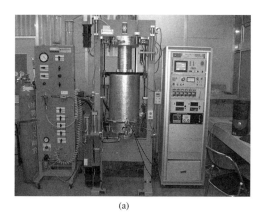

(a)

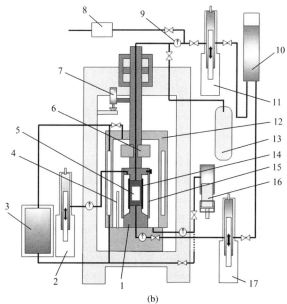

(b)

图 1.9 山口大学温控、高压天然气水合物三轴仪

Fig. 1. 9 Temperature-controlled and high-pressure triaxial apparatus

for methane hydrate of Yamaguchi University

1—底座;2—内压力室柱塞泵;3—恒温槽;4—热电偶;5—试样;6—加载单元;

7—位移传感器;8—气体流量计;9—压力计;10—水槽;11—上柱塞泵;12—压力室;

13—甲烷气体;14—橡皮模;15—内压力室;16—压力维持装置;17—下柱塞泵

另外,为了更深入地研究天然气水合物沉积物的强度及变形特性、分解和生成特性,山口大学还设计开发了一套高压、低温天然气水合物平面应变仪[35],如图 1.10 所示。此装置同样能够实现天然气水合物的原位生成与分解,并能够进行天然气水合物生成分解的模型实验,可以通过观察窗观察和记录试样在压缩或者分解过程中的变形。该装置能够提供的最大荷载为 200 kN,最大围压为20 MPa,最大孔隙压力为 20 MPa,温度控制范围为 0～＋30 ℃,控制精度为±1 ℃,试样尺寸为 80 mm($L$)×60 mm($W$)×160 mm($H$)。

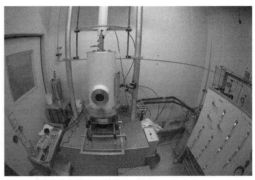

图 1.10　山口大学高压、低温天然气水合物平面应变仪

Fig. 1.10　High-pressure and low-temperature plane strain apparatus

for methane hydrate of Yamaguchi University

日本京都大学为了研究二氧化碳水合物沉积物的力学特性,参考日本山口大学温控、高压水合物三轴仪的设计,开发了一套类似的水合物三轴仪,如图 1.11 所示[36]。该装置的最大轴向荷载为200 kN,最大围压和最大孔隙压力均为 20 MPa,试样尺寸为$\phi$35 mm×70 mm 和 $\phi$50 mm×100 mm,温度控制范围为－30～＋50 ℃,控制精度为±0.5 ℃。

图 1.11 京都大学温控、高压天然气水合物三轴仪

Fig. 1.11 Temperature-controlled and high-pressure triaxial apparatus for

methane hydrate of Kyoto University

随着天然气水合物钻探和试采工程的实施,人们不断获得天然气水合物沉积物岩芯样品。如何实现天然气水合物岩芯样品的力学特性测试,对天然气水合物三轴仪的功能提出了新的要求。在此背景下,日本产业技术综合研究所(AIST)研制了一套保压取样岩芯天然气水合物三轴仪,如图 1.12 所示[37, 38]。该装置与天然气水合物保压取样装置配套使用,可以将天然气水合物保压取样岩芯无扰动地转移到三轴仪的压力室内进行力学特性实验。该装置在满足天然气水合物沉积物试样常规力学特性测试的同时,还能够可视化观察剪切、分解过程中试样的变形情况,并通过图像处理技术分析剪切、分解过程剪切带的发展过程。该装置的最大轴向荷载为 200 kN,最大围压和最大孔隙压力均为 16 MPa,精度为 $\pm 0.01$ MPa,试样尺寸为 $\phi 50$ mm $\times 100$ mm,温度控制范围为 $+1 \sim +20$ ℃,控制精度为 $\pm 0.1$ ℃。

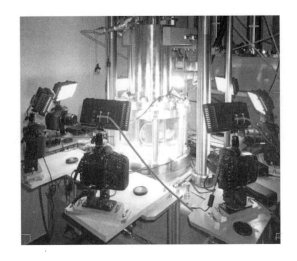

图 1.12  保压取样岩芯天然气水合物三轴仪（AIST）

Fig. 1.12  Triaxial apparatus for methane hydrate pressure core samples（AIST）

英国南安普敦大学（University of Southampton）研制了一套
天然气水合物共振柱[39]，如图 1.13 所示。该装置可以控制的孔隙
压力最大为 25 MPa，温度控制范围为－20～＋20 ℃。可以实现天
然气水合物沉积物剪切模量、体积模量以及阻尼比的测量。

图 1.13  南安普敦大学天然气水合物共振柱

Fig. 1.13  Methane hydrate resonant column of University of Southampton

国内对天然气水合物三轴仪的研发起步相对较晚,主要也是对常规三轴仪进行改装,使其满足天然气水合物沉积物实验的要求。主要手段是通过增加温度控制系统以及与天然气水合物生成相关的配套设施,使其与常规三轴仪的加载系统、围压控制系统、孔隙压力控制系统有机结合,实现天然气水合物的原位生成与分解及其沉积物力学特性的测试。

图 1.14 所示为中国科学院力学研究所研制的天然气水合物合成、分解及力学性质测试一体化装置[40]。此装置将三轴压力室作为水合物反应室,并增加了温度控制系统和计量系统。其主要技术参数如下:最大围压为 14 MPa,温度控制范围为$-20\sim+20$ ℃,试样尺寸为 $\phi$39.1 mm×80 mm。此装置通过在三轴压力室周围安装恒温箱进而控制压力室内温度,与山口大学早期研制的水合物三轴仪类似,不能实现天然气水合物沉积物试样的精确控温及天然气水合物的原位生成与分解。

图 1.15 所示为中国石油大学(华东)研制的天然气水合物剪切强度实验仪[41]。该装置将剪切室和活塞机构安装在高压仓内,并通过恒温槽控制高压仓的温度,保证剪切实验始终在低温、高压的条件下进行。同时,通过控制温度和压力条件可以实现天然气水合物的生成与分解。此装置可以测量天然气水合物沉积物试样的黏聚力、内摩擦角及剪切模型等参数,但是不能获得试样应力应变曲线、体积应变曲线等参数。

图 1.16 所示为中国科学院广州能源研究所研制的天然气水合物三轴仪[42]。该装置的测试系统包括静三轴仪、沉积物制样成模系统、恒温控制系统、天然气水合物合成系统、天然气增压进气系统、抽真空系统以及温度压力流量采集系统。轴向荷载为 250 kN,加载速率精度为$\pm0.001$ min$^{-1}$;最大围压和最大孔隙压力均为 30 MPa;

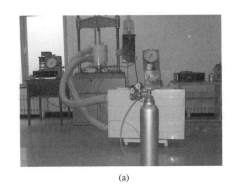

(a)

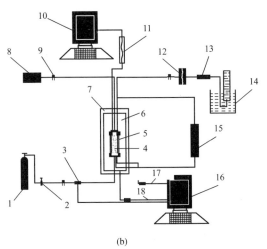

(b)

图 1.14　中国科学院力学研究所天然气水合物合成、分解及力学测试一体化装置

Fig. 1.14　Integrated apparatus for methane hydrate formation/dissociation and mechanical property testing of Institute of Mechanics，CAS

1—高压气瓶;2—减压阀;3—气体流量计;4—试样;5—橡皮膜;6—压力室;
7—恒温箱;8—围压加载模块;9—阀门;10、16—数据采集模块;11—热电偶测量;
12—气液分离器;13—气体流量计;14—气体收集模块;15—加载模块;
17—孔压测量;18—压力测量

试样尺寸为 $\phi50$ mm×100 mm;系统工作温度为−30～+50 ℃,控制精度为±0.5 ℃。

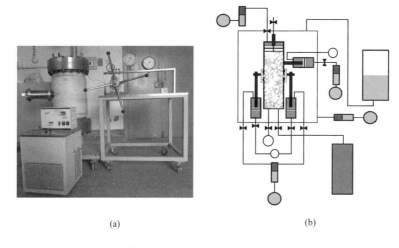

(a)

(b)

图 1.15 中国石油大学天然气水合物剪切强度实验仪

Fig. 1.15 The experimental shear device for methane hydrate of China University of Petroleum

图 1.16 中国科学院广州能源研究所天然气水合物三轴仪

Fig. 1.16 Triaxial apparatus for methane hydrate of Guangzhou Institute

of Energy Conversion, CAS

大连理工大学在早期的研究中也研制了一套低温、高压天然气水合物三轴仪(TAW-60)[43-47],如图 1.17 所示。此装置包括轴向加载系统、围压加载系统、低温控制系统和计算机测控系统等四大部分。能够提供的最大轴向荷载为 60 kN,最大围压为 30 MPa,温度控制范围为−30~+25 ℃,控制精度为±0.3 ℃,试样尺寸为 $\phi 50$ mm×100 mm。

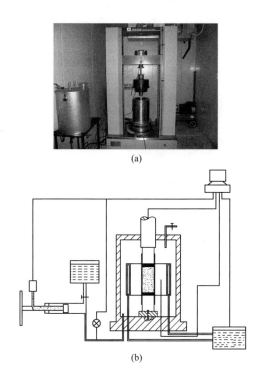

(a)

(b)

图 1.17 大连理工大学低温、高压天然气水合物三轴仪(TAW-60)

Fig. 1.17 Low-temperature and high-pressure triaxial apparatus for
methane hydrate of Dalian University of Technology (TAW-60)

随着研究的不断深入以及实验条件的成熟,大连理工大学研制了另外一套低温、高压天然气水合物三轴仪(DDW-600,图1.18)及其相关的试样制备装置[48,49]。该装置能够实现天然气水合物的原位生成与分解,模拟各种工况下水合物沉积层的应力状态和温度、压力条件;采用双压力室设计,利用内压力室内液压油的变化量精确测量试样体积应变,同时通过径向位移测量校正体积应变测量,可获得泊松比等参数;能够实现天然气水合物饱和度控制、分解速率控制及渗透率测量等功能。其具体指标如下:轴向最大荷载为 600 kN,最大围压为 30 MPa,最大孔隙压力为20 MPa,温度控制范围为−30～＋25 ℃,控制精度为±0.5 ℃,试样尺寸最大为 $\phi101$ mm×200 mm。该装置无论是功能还是技术参数均属于国际一流,为我国今后天然气水合物资源的安全开采提供了很好的实验基础。

(a)

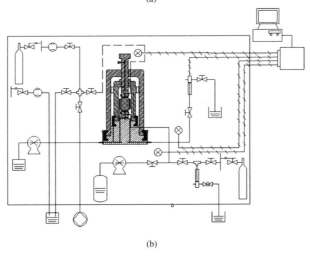

(b)

图 1.18　大连理工大学低温、高压天然气水合物三轴仪(DDW-600)

Fig. 1.18　Low-temperature and high-pressure triaxial apparatus for
methane hydrate of Dalian University of Technology (DDW-600)

### 1.3.2 天然气水合物沉积物力学特性实验研究进展

近年来,随着天然气水合物研究的不断深入、相关天然气水合物沉积物力学特性实验装置的研制以及测试技术的不断完善,天然气水合物沉积物力学特性的研究取得了一定的进展。在实验研究方面,主要通过三轴压缩实验或声波测量实验研究天然气水合物沉积物力学特性的影响因素,并获得强度、刚度、黏聚力等相关基础数据。

在天然气水合物沉积物力学特性研究的初期,由于没有合适的实验装置,传统的三轴压缩实验很难直接应用到天然气水合物沉积物力学特性的测试上,多数研究者主要通过声波测量实验间接获得天然气水合物沉积物的弹性模量等力学参数。

Winters 等[31] 通过声波测量实验研究了天然气水合物对沉积物声波特性和强度特性的影响,包括:在不同的沉积物类型(天然气水合物中等粒径砂土沉积物、均一粒径的重塑渥太华砂、重塑Min-U-Sil-40 黏土)中,水合物和冰对其声波特性的影响;不同水合物生成机制对沉积物声波特性的影响;饱和度、孔隙填充材料以及孔隙压力对沉积物剪切强度的影响。这些研究表明:沉积物的纵波波速 $V_p$(P-wave)会随着孔隙中水合物或冰的饱和度变化发生显著的变化,随着饱和度的增大,其纵波波速 $V_p$ 从小于 1.0 km/s 增大到 4.0 km/s 或者更高。另外,纵波波速 $V_p$ 与沉积物的粒径有关,黏土沉积物的纵波波速小于砂土沉积物的纵波波速。这些研究还发现,不同的水合物生成方式会影响水合物在沉积物中的赋存状态[22],进而影响其声波特性。相关实验结果如图 1.19 所示。

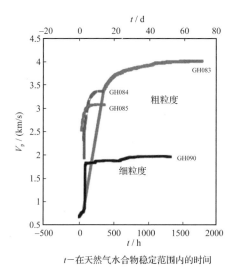

t—在天然气水合物稳定范围内的时间

图 1.19 不同天然气水合物沉积物试样的声波特性

Fig. 1.19 Acoustic property of different methane hydrate-bearing specimens

为了获得纯天然气水合物的声波特性,Waite 等[50]将合成的天然气水合物压缩,使其孔隙度由初始的 28% 降低到 2%,排除了孔隙和残余气体的影响。在温度为 277 K 时,测得其纵波波速 $V_p$ 为 3650±50 m/s,横波波速 $V_s$ 为 1890±30 m/s,并在此基础上获得了波速比 $V_p/V_s$、泊松比、体积模量、剪切模量以及杨氏模量等参数,比较了冰与天然气水合物的弹性性质,见表 1.1。从该表中可以发现,天然气水合物的剪切模量、体积模量以及杨氏模量都比冰小。

Helgerud 等[51]在前人研究的基础上对实验方法进行了适当的改进,测试了 sⅠ型甲烷水合物和 sⅡ型甲烷-乙烷水合物在 −20~+15 ℃、0~105 MPa 轴向荷载条件下的纵波波速 $V_p$ 和横波波速 $V_s$,并研究了温度、压力等对沉积物声波特性的影响。

表 1.1 冰与天然气水合物弹性性质比较

Tab. 1.1　Comparison of elastic property of ice and methane hydrate

| 性质 | 冰 | 天然气水合物 |
|---|---|---|
| $V_p/V_s$ | 1.98±0.02 | 1.93±0.01 |
| 泊松比 | 0.33±0.01 | 0.317±0.006 |
| 剪切模量/GPa | 3.6±0.1 | 3.2±0.1 |
| 绝热体积模量/GPa | 9.2±0.2 | 7.7±0.2 |
| 等温体积模量/GPa | 9.0±0.3 | 7.1±0.3 |
| 绝热杨氏模量/GPa | 9.5±0.2 | 8.5±0.2 |
| 等温杨氏模量/GPa | 9.1±0.3 | 7.8±0.3 |

Priest 等[52]设计了一套天然气水合物共振柱(参见图 1.13),研究了天然气水合物分布及饱和度对沉积物纵波波速 $V_p$ 和横波波速 $V_s$ 的影响。结果表明,天然气水合物饱和度对沉积物纵波和横波的衰减特性影响很大,并在水合物饱和度为 3%～5%时,波速衰减达到峰值,如图 1.20 所示。另外,他们还研究了天然气水合物形态对沉积物声波特性的影响[23],发现当天然气水合物在富气条件下生成时,水合物在孔隙中的状态为胶结型;而当天然气水合物在富水条件下生成时,水合物在孔隙中的状态为悬浮型。当悬浮型水合物沉积物饱和度小于 20%时,水合物饱和度对横波波速的影响不大,而胶结型沉积物的横波波速随着水合物饱和度的增加迅速增大。对于悬浮型水合物沉积物,水合物饱和度对波速比 $V_p/V_s$ 的影响不大;而对于胶结型水合物沉积物,当水合物饱和度接近 20%时,其波速比 $V_p/V_s$ 会显著地降低至 2 左右,与固结岩土的性质类似。

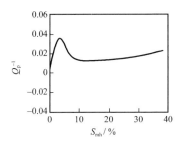

图 1.20　天然气水合物饱和度对纵波波速衰减的影响

Fig. 1. 20　Effect of methane hydrate saturation on the compressional wave attenuation

Kingston 等[53]在 Priest 等[23, 52]研究的基础上,研究了颗粒形态及粒径对天然气水合物沉积物的纵波波速、横波波速及其衰减特性的影响。结果表明,沉积物颗粒的平均粒径、颗粒球度、表面积都会影响水合物在沉积物孔隙中的分布以及胶结特性。同时发现,当水合物饱和度为 10%时,沉积物的表面积最大,此时声波波速的增加量最小。

通过声波法测量天然气水合物沉积物强度及变形特性的研究还有很多[54],但是采用声波法只能获得其弹性参数,只能评价天然气水合物储层在小应变条件下的性质。越来越多的研究发现,天然气水合物沉积物在荷载作用下呈现出的是弹塑性变形[21, 29, 34, 55],需要通过三轴压缩实验进一步研究其在大应变条件下的强度及变形特性。

四氢呋喃水合物(THF)的很多性质与天然气水合物类似,且在常压下就能生成水合物。因此,很多学者采用四氢呋喃水合物代替天然气水合物,用以研究天然气水合物沉积物的强度及变形特性[56-60]。Parameswaran 等[56]早在 1989 年就研究了四氢呋喃水合物沉积物在温度 267 K、应变速率 $10^{-6}\sim10^{-3}$ $s^{-1}$时的单轴压缩特性。结果表明,当应变速率较低时,四氢呋喃水合物沉积物的压缩强度高于含冰粉沉积物的压缩强度,且四氢呋喃水合物沉积物强度对应变速率的依赖性要小于含冰粉沉积物;当应变速率较高时,二者的压缩强度几乎相同。

Yun 等[58]研究了四氢呋喃砂土、粉土和黏土沉积物的力学特性。结果表明,水合物沉积物的应力应变特性受颗粒粒径、围压、水合物饱和度等众多因素的影响。当水合物饱和度较低(小于40%)时,水合物沉积物的力学特性主要由土的刚度和强度决定;而当水合物饱和度较大(高于 50%)时,水合物沉积物的力学特性主要受水合物的影响:水合物影响着试样的刚度、强度、颗粒之间的胶结作用、孔隙填充以及剪胀作用。同时发现,水合物胶结作用对沉积物剪切强度的影响随着土颗粒比表面积的增大而减小,且在有效围压较低时,水合物对沉积物强度的影响较小。最后,他们提出了一个假想来解释相关实验现象,如图 1.21 所示。当不含水合物时,剪切会导致土颗粒旋转、滑动以及重新排列。当沉积物比较密实时,颗粒旋转需要克服试样的膨胀(有效围压较低时)或者颗粒之间的相对滑动(有效围压较高时),且所有过程都遵循能量最小化原理。当水合物饱和度较低时,在剪切过程中水合物颗粒会变形,或从土颗粒表面脱落,或阻碍土颗粒的旋转,而这些影响试样剪胀和强度的过程都受水合物颗粒的胶结强度、水合物自身的强度以及水合物饱和度的影响。当水合物饱和度较高时,颗粒之间的胶结强度主要来自水合物本身、土颗粒与水合物颗粒之间的胶结作用以及水合物颗粒占据沉积物孔隙对沉积物强度和变形的影响。当水合物的强度大于水合物颗粒与土颗粒之间的胶结强度时,破坏首先会在水合物颗粒与土颗粒的交界处发生。同时,水合物的存在也会增大沉积物的剪胀现象。

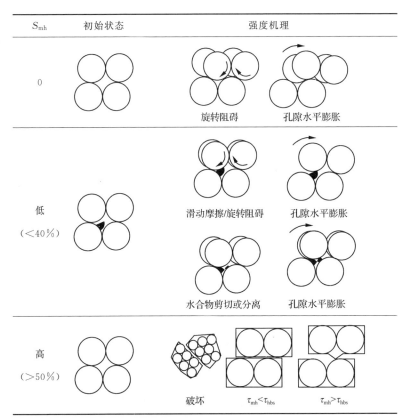

图 1.21 水合物饱和度对沉积物强度和变形机理的影响

Fig. 1.21 Effects of hydrate saturations on the strength of hydrate-bearing sediments and its deformation mechanisms

Durham 等[61]研究了高纯度天然气水合物的强度和流变特性。结果表明,在相同温度和应变速率条件下,纯天然气水合物的强度要远远大于冰的强度(20 倍或更高),且随着温度的降低,二者的差异将更显著,如图 1.22 所示。而普遍认为,天然气水合物与冰的力学性质相近,且部分学者采用冰来代替天然气水合物或者借鉴冻土的相关理论研究天然气水合物沉积物的强度及变形特性[29,30,62]。因此,Durham 等[61]的结果还需要进一步的验证。

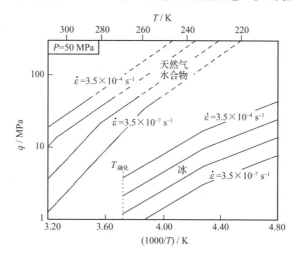

图 1.22　纯天然气水合物与冰的强度比较

Fig. 1.22　The strength of methane hydrate compared with that of water ice

Hyodo 等[29,34]对天然气水合物沉积物进行了一系列的三轴压缩实验,研究了温度、有效围压、水合物饱和度、孔隙度、应变速率以及水合物分解等对沉积物强度及变形特性的影响。如图 1.23和图 1.24 所示为有效围压、水合物饱和度对天然气水合物沉积物力学特性的影响。结果表明:①天然气水合物沉积物的强度随着水合物饱和度的增大而增大;②天然气水合物沉积物的强度随着有效围压的增大而增大,说明水合物对沉积物强度的增强作用不仅仅体现在黏聚力的增大,还体现在内摩擦角的增大;③天然气水合物沉积物的应力应变曲线一般在 1%~2%应变处达到峰值,而与有效围压的大小无关;④天然气水合物沉积物的强度随着孔隙压力的增大和温度的降低而增大。在此基础上，Hyodo 等[63]还研究了天然气水合物沉积物在分解过程中的变形特性。研究了在不同荷载条件(1%、3%、5%应变处)下注热过程对水合物饱和度及沉积物体积变形的影响。结果表明：当试样不承受荷载时，天然气水合物沉积物在分解过程中呈现出膨胀的趋势；而当试样承受荷载时，天然气水合物沉积物在分解过程中的体积变形与试样是否达到临界应力比有关，同时水合物饱和度对其也有一定的影响。

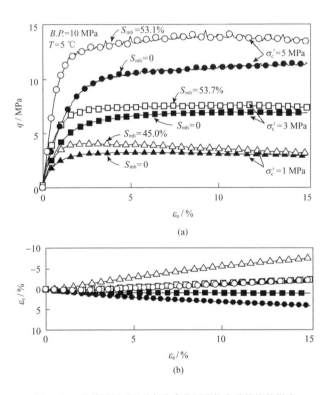

图 1.23　有效围压对天然气水合物沉积物力学特性的影响

Fig. 1.23　Effects of effective confining pressure on the mechanical properties of methane hydrate-bearing specimens

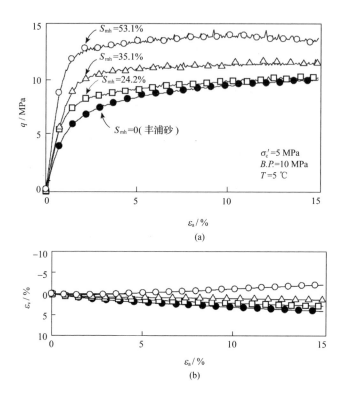

图 1.24　水合物饱和度对天然气水合物沉积物力学特性的影响

Fig. 1.24　Effects of effective saturation on the mechanical

properties of methane hydrate-bearing specimens

Masui 等[32, 64]研究了不同水合物生成方式、有效围压以及水合物饱和度对天然气水合物沉积物强度及变形特性的影响,如图 1.25 所示为水合物饱和度对天然气水合物沉积物强度及变形特性的影响。其中一种生成方式是将甲烷气体通入到冰粉与丰浦砂混合试样中生成水合物沉积物,另外一种生成方式是将甲烷气体通入到一定含水率的丰浦砂试样中生成水合物沉积物。通过比较发现,不同生成方式的天然气水合物沉积物剪切强度和弹性模量均随着水合物饱和度的增大而增大,且当水合物饱和度相同时,孔隙度较低的试样强度较大。水合物的存在主要影响的是沉积物的黏聚力,对内摩擦角的影响不大。同时,他们对日本南海海槽钻取的天然气水合物岩芯进行了一系列三轴压缩实验,并与室内实验结果进行了对比。结果表明:只要使重塑沉积物试样的粒径分布与实际天然气水合物岩芯的接近,实验室内获得的强度及变形特性就能比较真实地反映实际天然气水合物储层的特性。

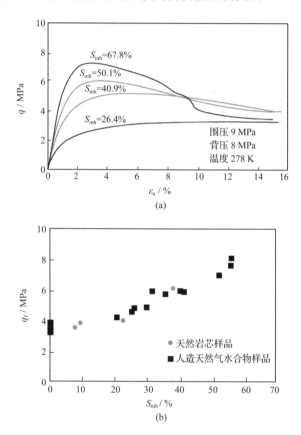

图 1.25　水合物饱和度对天然气水合物沉积物强度及变形特性的影响

Fig. 1. 25　Effect of hydrate saturation on the strength and deformation behavior

of methane hydrate-bearing specimens

Aoki 等[30]在早期研究了含冰丰浦砂试样的强度及变形特性，之后又研究了天然气水合物丰浦砂试样在水合物分解过程中的压缩特性[65]。通过改变孔隙压力、温度或注入氮气使天然气水合物分解，然后测量沉积物试样的竖向位移，模拟水合物储层在分解过程中的沉降过程。结果表明：降压过程或天然气水合物分解都会引起沉积层的沉降，而通过注入氮气改变甲烷气体的分压使水合物分解，能够减少沉积层的沉降量。

Grozic 等[66]通过不排水三轴实验研究了天然气水合物沉积物的剪切强度和体积变形特性。结果表明：水合物的存在会增加沉积物的强度和刚度；当饱和度较低时，沉积物内摩擦角变化不大，性质与饱和土类似，不存在黏聚力；水合物生成方式对沉积物的强度有很大的影响，如果水合物使土颗粒发生胶结，则会增加沉积物的内摩擦角和黏聚力。

Miyazaki 等[21, 55, 67, 68]对含天然气水合物丰浦砂试样进行了一系列的三轴压缩实验，研究了水合物饱和度、围压、颗粒粒径、应变速率、卸载再加载等对其强度及变形特性的影响，如图 1.26 所示为围压和水合物饱和度的影响。结果表明：①有效围压会限制沉积物的横向变形[图 1.26(a)]，且其强度和刚度随着有效围压的增大而增大[图 1.26(b)]；②沉积物的强度参数（黏聚力、内摩擦角）可以通过对同一个试样施加不同的围压来获得；③应变速率对天然气水合物沉积物峰值强度和残余强度的影响与冻土接近，并大于其他一般的材料；④卸载再加载曲线的斜率会先增大后逐渐减小，这是由于沉积物在压缩的初期处于固结阶段，而随着变形逐渐增大，其慢慢呈现出剪胀的趋势；⑤天然气水合物沉积物的强度随着饱和

度的增大而增大,且呈现出越来越明显的软化现象[图 1.26(c)];
⑥天然气水合物沉积物的刚度受沉积物类型的影响较大,粒径较
小的沉积物试样横向变形较小。同时,他们还研究了有效围压、饱
和度等对杨氏模量、泊松比的影响,初步解释了天然气水合物变形
的机理。

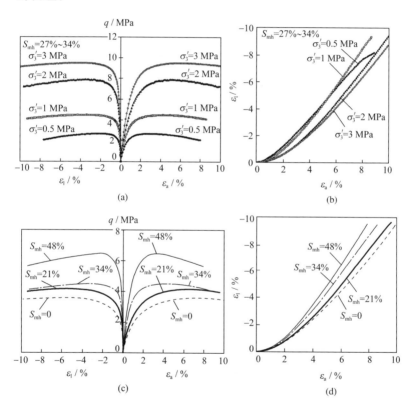

图 1.26 围压和水合物饱和度对天然气水合物沉积物强度及变形特性的影响

Fig. 1.26 Effects of confining pressure and hydrate saturation on the strength and
deformation behavior of methane hydrate-bearing specimens

Ebinuma 等[69]研究了不同水合物生成方式对沉积物强度及变形特性的影响,同时将气饱和试样与水饱和试样的强度和应力应变曲线做了简单的对比。结果表明:当将甲烷气体注入一定含水率的丰浦砂试样中生成水合物时,试样会发生胶结,强度较高,且试样强度随着水合物饱和度的增大而增大;当将甲烷气体注入含冰粉丰浦砂试样中生成水合物时,颗粒之间的胶结作用较弱;当水合物饱和度较低时,水合物对沉积物强度的影响不大。只有当水合物饱和度增大到一定程度后,沉积物强度才随着水合物饱和度的增大而增大。同时还发现,气饱和天然气水合物沉积物的强度高于水饱和天然气水合物沉积物的强度,且气饱和天然气水合物沉积物呈现出更明显的应变软化现象。他们认为是由于天然气水合物沉积物渗透率较低,在剪切过程中孔隙水不能及时排出,造成孔隙压力增大,有效围压减小,进而造成强度降低。

Rees 等[70]将水合物三轴仪与 CT 装置进行了有机结合,其中水合物三轴仪能够提供 25 MPa 的围压、100 MPa 的轴向应力以及 $-10\sim+50$ ℃的温度控制范围。此装置不仅能进行天然气水合物沉积物的三轴压缩实验、声波测试,还能通过 CT 观察水合物生成前后沉积物局部的密度变化以及水合物或冰在沉积物中的分布等,如图 1.27 所示。他们的研究表明:黏土的存在会降低天然气水合物砂土沉积物的强度,并认为这可能与沉积物孔隙度的改变有关;与不含水合物的沉积物相比,水合物沉积物在应变较小处就达到强度峰值,他们认为这是由于水合物的胶结作用影响,使沉积物的脆性增大造成的。

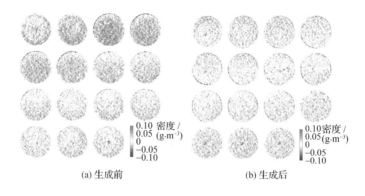

(a) 生成前                                    (b) 生成后

图 1.27  天然气水合物生成前后沉积物密度变化

Fig. 1.27  Changes in density of specimen before and after methane hydrate formation

Yoneda 等[35]研制了一套水合物平面应变实验仪,研究了天然气水合物玻璃砂在剪切和水合物分解过程中的局部变形,并获得了与三轴压缩实验类似的实验结果[34]。结果表明:随着水合物饱和度的增加,沉积物的初始刚度和强度会显著地增大,试样的体积变形从剪缩到剪胀转变,并在水合物饱和度为 50% 时,观察到了明显的剪胀现象;通过图像分析技术,发现天然气水合物沉积物的剪切带比不含水合物的沉积物要窄。另外,Yoneda 等利用保压取样岩芯水合物三轴仪(参见图 1.12),对不同饱和度天然气水合物岩芯样品的力学特性进行了初步研究,并通过图像处理技术分析了天然气水合物岩芯样品的变形过程(图 1.28)[38]。

国内针对天然气水合物沉积物强度及变形特性的研究起步较晚,目前主要有大连理工大学、中国科学院力学研究所、中国石油大学等单位进行了相关研究,并取得了一定进展。

张旭辉等[40]以粉细砂土和蒙古砂土作为沉积物骨架,研究了四氢呋喃水合物的力学特性,获得了水合物分解前后的应力应变

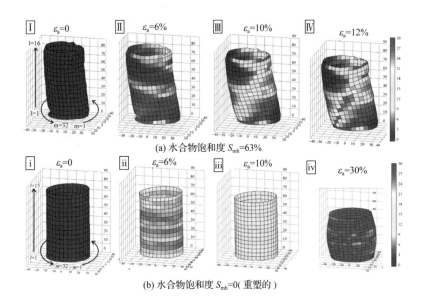

(a) 水合物饱和度 $S_{mh}$=63%

(b) 水合物饱和度 $S_{mh}$=0(重塑的)

图 1.28 天然气水合物岩芯样品变形过程分析

Fig. 1.28 Analysis of deformation process of methane hydrate core sample

曲线、强度和液化特性。结果表明:水合物沉积物均表现为塑性破坏;随着围压的增大,试样强度增大;水合物分解会导致试样强度大幅降低;水合物分解后的沉积物相比水饱和沉积物更容易液化。另外,他们还比较了含冰、四氢呋喃、$CO_2$ 和甲烷水合物砂土沉积物的强度及变形特性[62]。结果表明:四种沉积物均表现为塑性破坏;围压、饱和度等对不同沉积物的影响作用类似;在相同饱和度条件下,四种沉积物的强度各不相同。

宋永臣等[71,72]利用自主研制的低温高压水合物三轴仪研究了天然气水合物黏土沉积物的强度及变形特性,获得了温度、围压、应变速率、高岭土体积含量等对沉积物力学特性的影响。结果表明:当围压小于 10 MPa 时,含冰粉天然气水合物的强度随着围压的增大而增大;同时,温度的降低和应变速率的增大都会引起沉积物强度的增大;随着高岭土体积含量的增大,沉积物强度也逐渐增大。

### 1.3.3 天然气水合物沉积物本构模型研究进展

由于天然气水合物沉积物和冻土沉积物的性质比较接近,因此可以借鉴冻土研究中提出的相关理论模型来描述天然气水合物沉积物的力学特性、本构关系等。Miyazaki 等[73] 在大量三轴压缩实验的基础上,提出了柔量可变模型(Variable-Compliance-Type Constitutive Model)来模拟天然气水合物沉积物的变形特性,可以较好地模拟一定应变速率条件下天然气水合物沉积物的应力应变曲线,如图1.29 所示。

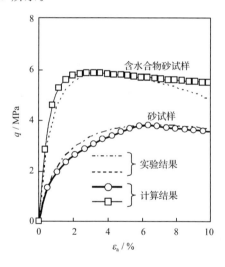

图 1.29 一定应变速率条件下预测曲线与实验曲线

Fig. 1.29 Stress-strain curves by experiment and calculation under a constant strain rate

随着研究的不断深入和实验数据的积累,Miyazaki 等[74] 在 Duncan-Chang 模型的基础上建立了非线性弹性本构模型。此模型考虑了水合物饱和度及有效围压的影响,可以较好地反映天然气水合物沉积物的应力应变曲线、破坏强度、侧向变形、初始剪切模量、泊松比等。其中,试样强度与水合物饱和度、有效围压的关系可用如下公式表示:

$$q_f(S_{mh}, \sigma_3') = \frac{2\cos\varphi}{1-\sin\varphi}c_0 + \alpha \times S_{mh}^{\beta} + \frac{2\sin\varphi}{1-\sin\varphi}\sigma_3' \quad (1.1)$$

式中,$q_f$ 为破坏强度;$S_{mh}$ 为水合物饱和度;$\sigma_3'$ 为有效围压;$\varphi$ 为内摩擦角;$c_0$ 为黏聚力;$\alpha$、$\beta$ 为实验参数。具体参数值为:$c_0 = 0.30$ MPa, $\varphi = 33.8°$,$\alpha = 4.64 \times 10^{-3}$,$\beta = 1.58$。计算结果如图1.30所示。

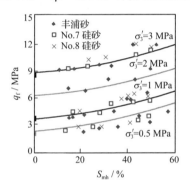

图 1.30　不同有效围压条件下强度与水合物饱和度关系

Fig. 1.30　Strength versus methane hydrate saturation under various

effective confining pressures

初始割线模量的表达式为

$$E_i(S_{mh}, \sigma_3') = e_i(S_{mh}) \times \sigma_3'^n \quad (1.2)$$

式中,$e_i(S_{mh})$ 为有效围压 1 MPa 时天然气水合物沉积物的初始割线模量。对于丰浦砂材料,$n = 0.608$,$e_{i0} = 398$ MPa;对于 No. 7 硅砂,$n = 0.466$,$e_{i0} = 344$ MPa;对于 No. 8 硅砂,$n = 0.356$,$e_{i0} = 241$ MPa。

另外,他们还获得了割线模量、横向应变($\varepsilon_l$)等的计算公式,这里不再赘述。

Sultan 等[75] 在剑桥模型(Cam-Clay Model)的基础上,将水合物饱和度作为状态变量来模拟含天然气水合物沉积物的骨架结构破坏及软化现象,模拟结果如图 1.31 所示。

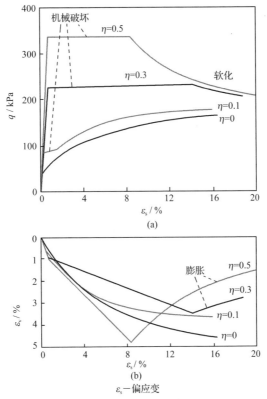

图 1.31 不同饱和度天然气水合物沉积物变形特性模拟结果

Fig. 1.31 Deformation behavior of methane hydrate-bearing specimens

under various saturations by numerical method

从图 1.31 中可以看到,此模型仅能大致表达应力应变曲线的变化趋势:杨氏模量、剪切模量、强度随着水合物饱和度的增大而增大;应变软化现象随着水合物饱和度的增大而增大;剪胀现象随着水合物饱和度的增大而增大。其屈服面方程如下:

$$q = \frac{2}{3} p' \frac{q_0}{p_0'} \pm \sqrt{M^2 (p' p_0' - p'^2) + \frac{1}{9} \frac{p'}{p_0'} q_0^2} \qquad (1.3)$$

式中,$q$ 为偏应力;$p'$ 为平均有效应力;$M$ 为临界应力比。

Uchida 等[76]在修正剑桥模型的基础上,建立了天然气水合物临界状态模型,考虑了体积屈服、水合物对沉积物黏聚力、剪胀特性、刚度、应变软化以及分解过程的影响,取得了比较好的效果,如图 1.32 所示。他们通过增加两个硬化参数 $p'_{cc}$、$p'_{cd}$,来分别描述水合物对沉积物黏聚力和剪胀特性的影响,并将修正剑桥模型屈服面方程转变成如下形式:

$$f = q^2 + M^2(p' + p'_{cc})[p' - (p'_{cs} + p'_{cc} + p'_{cd})] \tag{1.4}$$

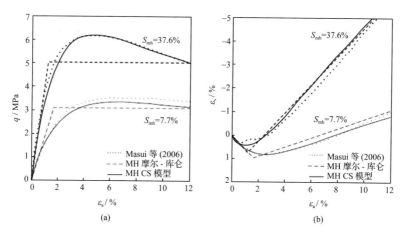

图 1.32　天然气水合物临界状态模型计算结果

Fig. 1.32　Calculated results by the Methane Hydrate Critical State model (MHCS)

式中,硬化参数 $p'_{cc}$、$p'_{cd}$是关于水合物饱和度的函数,并且在剪切过程中随着水合物胶结作用的减弱按一定的规律逐渐减小。同时,由于天然气水合物沉积物的变形为弹塑性变形,为了更好地描述沉积物从弹性变形到塑性变形的过渡,他们参考了次加载面理论,将相似比 $R$ 引入到式(1.4)中。最终获得的屈服面方程为

$$f = q^2 + M^2(p' + p'_{cc})[p' - R(p'_{cs} + p'_{cc} + p'_{cd})] \tag{1.5}$$

Pinkert 等[77]建立了水合物沉积物应变软化模型,能够直接描

述体积膨胀与水合物饱和度降低之间的关系。在此模型中,水合物沉积物试样的黏聚力随着塑性剪切应变的增大而减小。同时,他们将数值计算结果与 Miyazaki 等的实验结果进行对比,能够较好地描述不同水合物饱和度条件下水合物沉积物的应力应变曲线,如图 1.33 所示。

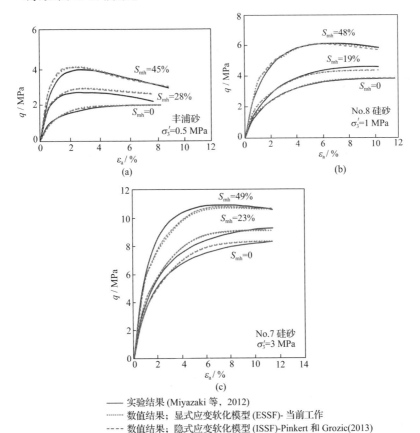

—— 实验结果 (Miyazaki 等, 2012)
······ 数值结果;显式应变软化模型 (ESSF)- 当前工作
- - - 数值结果;隐式应变软化模型 (ISSF)-Pinkert 和 Grozic(2013)

图 1.33 水合物沉积物显示应变软化模型计算结果

Fig. 1.33 Calculated results by the explicit strain softening model（ESSF）

Yu 等[72]在 Duncan-Chang 模型的基础上,分析了围压、温度对含冰粉天然气水合物初始模量、破坏强度、破坏比的影响,并且通过引入损伤比和温度参数对 Duncan-Chang 模型进行扩展,建立了适用于含冰粉天然气水合物的本构模型。同时,在大量天然气水合物黏土沉积物实验数据的基础上,建立了包含温度、围压、应变速率等不同参数的修正 Duncan-Chang 本构模型。

Sun 等[78]建立了基于热力学原理的水合物沉积物临界状态模型,可以考虑体积应变的影响。与传统模型比较,该模型建立在更广义的耗散假定基础上,并且能够描述水合物沉积物特有的力学性质,如胶结结构破坏引起的应力软化、剪胀以及非椭圆屈服面等,如图 1.34 所示。

天然气水合物沉积物是一个具有复杂力学、化学的结构体,具有离散特征,很多现象都难以用现有的连续体力学理论予以解释,许多问题都涉及其微观组构问题。由于技术的限制,现有的室内实验难以揭示复杂宏观现象的微观机理,影响其本构理论的建立。因此,国内外学者尝试采用离散单元法(DEM),将土体视为一系列离散单元颗粒的组合,从微观结构出发模拟天然气水合物沉积物的宏观、微观力学特性。

Jiang 等[79,80]采用简化胶结模型,通过离散元数值方法模拟了天然气水合物沉积物的力学特性,并与已有的三轴实验结果进行对比,验证了胶结接触模型的合理性。随后,他们又考虑水合物在沉积物中的真实分布情况,基于微观胶结厚度模型对胶结型天然气水合物沉积物的宏观力学特性进行了数值模拟分析[81]。Kreiter 等[82]采用二维离散元方法,以通过表面拉力互相聚合在一起的小颗粒团作为水合物,研究水合物的形成对试样力学特性的影响。Brugada 等[83]采用离散单元法,通过随机生成土颗粒并在孔隙中生成定量的水合物颗粒,研究了填充型水合物沉积物的力学特性。Vinod 等[84]采用离散单元法模拟了填充型天然气水合物沉积物在

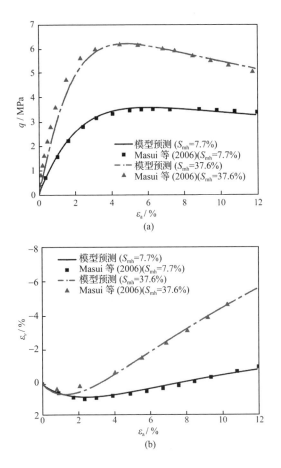

图 1.34  基于热力学的天然气水合物沉积物临界状态模型计算结果

Fig. 1.34  Calculated results by a thermodynamics-based critical state constitutive

model for methane hydrate-bearing sediments

不同有效围压、不同饱和度条件下的剪切特性,分析了剪切过程中接触力链的演变。离散单元法立足于颗粒间微观接触力学和牛顿第二运动定律,获取相应的宏观力学响应。其优势在于无须假设宏观本构关系,便于处理大变形问题,并可观察加载过程中胶结结构破坏、力链传递等一系列微观信息,从而加深理解土体的宏观力学响应。

# 第 2 章 冻土区天然气水合物沉积物力学特性研究

我国是世界第三大冻土国,冻土面积占国土总面积的 22.4%,占世界多年冻土面积的 10%[85,86]。根据天然气水合物的成藏条件分析,多年冻土区是天然气水合物赋存的潜在区域[5]。我国青藏高原具备形成天然气水合物的地质条件,并有可能形成天然气水合物矿藏[87]。祝有海等[10]根据祁连山地区的实测气体组分、温度以及冻土层厚度等资料,计算了祁连山多年冻土区形成天然气水合物矿藏的热力学条件,结果表明祁连山地区具备形成天然气水合物矿藏的条件。2009 年 9 月,国土资源部宣布在青海祁连山南缘永久冻土带成功钻获天然气水合物样品,证实了我国冻土区确实存在天然气水合物。这是我国首次在冻土区发现天然气水合物,也是世界中低纬度冻土区首次发现天然气水合物(水合物一般存在于极地冻土区,如西伯利亚多年冻土区、加拿大马更些三角洲等),对天然气水合物矿藏的勘探具有重要的科学意义和经济价值[86]。

在冻土区开采天然气水合物矿藏比在海上开采天然气水合物矿藏容易实现,技术难度相对较低。2001 年,加拿大地质调查局、日本石油公团等机构已经在马更些地区成功实现了天然气水合物矿藏的试开采。我国天然气水合物研究起步相对较晚,目前主要集中在天然气水合物的勘探以及基础物性的研究方面。在天然气水合物开采过程中,温度和压力的改变都有可能造成水合物的分解,而水合物的分解会造成储层力学特性的变化,进而引起天然气水合物储层和钻井井筒的变形以及甲烷气体泄漏等问题[25, 26]。在实现天然气水合物矿藏的商业化开采之前,需要研究温度和压力等对天然气水合物沉积物力学特性的影响,进而评估天然气水合物储层的长期稳定性。

本章介绍了冻土区天然气水合物沉积物的力学特性研究,包括相关的实验装置、力学特性实验、强度准则和本构模型等。

# 2.1　实验装置、材料与方法

### 2.1.1　实验装置

大连理工大学是国内较早进行天然气水合物沉积物力学特性研究的单位之一[25],其在大量调研的基础上,吸取国外水合物三轴仪研制的成功经验,先后研制并搭建了两套水合物三轴实验机:TAW-60 小型低温、高压水合物三轴仪和 DDW-600 大型低温、高压水合物动态三轴仪。本研究使用的是 TAW-60 低温、高压水合物三轴仪,此装置的实物图和示意图如图 1.17 所示[43-47]。

TAW-60 低温、高压水合物三轴仪由轴向加载系统、围压加载系统、低温控制系统和计算机测控系统四大部分组成。采用两台德国 DOLI 公司的 EDC 测控器分别控制轴向荷载和围压,用一台计算机采集数据及综合管理。此装置具有力、变形和位移三种控制方式,并可实现实验过程中的无冲击转换,能够模拟天然气水合物储层的低温、高压环境,可进行天然气水合物沉积物的力学特性实验。此装置的具体系统组成和功能参数如下:

(1)轴向加载系统

轴向加载系统包括加载框架、滚珠丝杠、传动系统、松下交流伺服电动机、力传感器、位移传感器以及德国进口 EDC 测控器等。加载框架采用门式结构,能够保证轴向加载的稳定性;力传感器和位移传感器分别测量试样的轴向应力和应变;DOLI 公司原装进口的 EDC 测控器具有分辨率高、故障率低以及故障自诊断等功能。其主要技术参数为:①轴向最大负荷,60 kN;②轴向变形控制,0.001~5 mm/min;③变形精度,优于±1‰ F. S;④变形量程,20 mm;⑤轴向位移行程,0~100 mm;⑥位移精度,优于±1‰F.S。

(2)围压加载系统

围压加载系统包括自平衡三轴压力室、压力传感器、伺服加载系统、松下交流伺服电动机、减速机、德国进口 EDC 测控器以及围压介质冷却系统等。压力室采用自平衡结构,可以保证压力室加压或降压时活塞的位移不受影响,提高位移测量的精确度。伺服加载系统采用日本松下交流伺服电动机驱动,可以实现围压的高精度控制。围压介质冷却系统在液压油注入压力室之前对其进行冷却,避免由于液压油的注入导致天然气水合物的分解。主要技术参数为:①最大围压,30 MPa;②围压控制精度,±1%F.S;③试样尺寸,$\phi$50 mm×100 mm。

(3)低温控制系统

低温控制系统包括恒温槽、热交换器、冷库以及热电偶等。本实验采用德国进口优莱博(Julabo)恒温槽来控制试样温度。首先,将一定温度的冷却液循环至压力室内的热交换器中进行循环制冷,通过热交换控制压力室内液压油温度,进而控制试样温度。其次,热电偶将采集到的数据反馈给恒温槽,恒温槽根据压力室内的温度调节冷却液温度以及循环时间,保持压力室内温度恒定。另外,考虑到天然气水合物对温度的敏感性,本实验装置整体放置在冷库中(二级控温),通过调节冷库温度降低压力室内外的温差,减少热损失,实现温度的精确控制。主要技术参数为:①温度控制范围,−30～+25 ℃;②控温精度,±0.3 ℃。

(4)计算机测控系统

计算机测控系统主要包括计算机、EDC 测控器、压力传感器、温度传感器、位移传感器、力传感器以及电控柜等。计算机主要是将压力传感器、温度传感器、位移传感器以及力传感器检测到的数据进行收集和分析,并将数据反馈到 EDC 测控器,对三轴仪系统进行进一步的控制。实验过程中的应力应变曲线、温度等参数,都可以直接在计算机中得到。主要技术参数为:①压力测量精度,±0.01 MPa;②温度测量精度,±0.3 ℃。

实验控制软件可以在 Windows XP、Win7 等多种操作环境下运行,界面友好,操作相对简单,可以完成实验条件、参数等设置。实验数据能以多种文件格式保存,实验结束后可进行再现实验历程、回放实验数据等操作,并可将实验数据导入 Word、Excel、Access、MATLAB 等多种软件中进行分析。此控制软件目前已进行软件著作权登记[88]。

### 2.1.2 实验材料

(1)高岭土

天然气水合物广泛分布于冻土区及极地海底冻土层,并通常以与冰共存的形式赋存在黏土沉积物孔隙中[89-91]。本研究采用山东省宁阳县的高岭土模拟冻土层黏土沉积物,其成分见表 2.1,物性参数及粒径分布如图 2.1 所示[43]。实验采用离心式粒度分析仪对高岭土进行了粒度分析。从图 2.1 中可以看到,高岭土颗粒密度为 $2.60 \text{ g/cm}^3$,中值粒径为 $3.91 \ \mu\text{m}$,众数粒径为 $12.52 \ \mu\text{m}$。

表 2.1 高岭土组成成分

Tab. 2.1 **Composition of Kaolin clay**

| 成分 | $SiO_2$ | $Al_2O_3$ | $Fe_2O_3$ | CaO | MgO | $Na_2O$ | MnO | $K_2O$ | 其他 |
|---|---|---|---|---|---|---|---|---|---|
| 含量/% | 52 | 35 | 1.5 | 2.6 | 1.0 | 0.1 | 0.13 | 1.3 | 6.37 |

(2)冰粉和高纯度甲烷气体

相对于常规的喷雾法、鼓泡法等生成天然气水合物,采用冰粉与高纯度甲烷气体生成天然气水合物具有成本低、过程容易控制、仪器相对简单等优点。同时,冰粉能够提高颗粒与甲烷气体之间的接触面积,促进反应的进行,同样能够获得较高饱和度的天然气水合物样品。本研究采用冰粉与高纯度甲烷气体反应生成天然气水合物,然后采用混合制样法制备试样[25]。制备的冰粉用 60 目过滤筛过滤,获得的粒径为 $250 \ \mu\text{m}$ 左右。

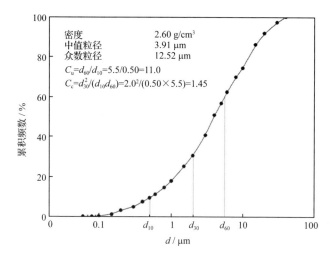

图 2.1　高岭土粒径分布曲线

Fig. 2.1　Grain size distribution of Kaolin clay

### 2.1.3　实验方法与步骤

（1）制备冰粉

将蒸馏水在冰箱内冻结成冰，在实验开始前将其在冷库内（−10 ℃）粉碎并研细，用 60 目过滤筛过滤，获得粒径为 250 $\mu$m 左右的冰粉颗粒。

（2）制备含冰粉天然气水合物

将冰粉放入如图 2.2 所示的反应釜中，并将反应釜放置在−5 ℃的冰箱内。首先，利用真空泵将系统抽真空到一定的真空度，排除反应釜内的空气。接着通过甲烷气瓶向反应釜内注入高纯度甲烷气体，并设定反应釜内气体压力为 10 MPa。关闭阀门，使甲烷气体与冰粉充分反应生成天然气水合物。当反应釜内压力明显降低时,继续通甲烷气体到设定压力,提高水合物饱和度。此过程一般重复3~4次。反应结束后,使部分天然气水合物样品分解,利用分解前后样品质量的变化量计算水合物饱和度。通过本方法,计算得到含冰粉水合物饱和度为30%左右。

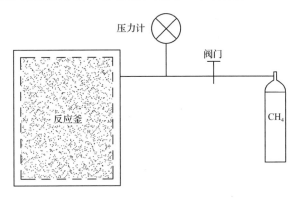

图2.2 天然气水合物高压反应装置

Fig. 2.2 High-pressure reaction device for methane hydrate

(3)制备天然气水合物沉积物试样

本研究采用压型装置制备天然气水合物沉积物试样,压型装置及试样制备过程如图2.3所示。首先,将模具清理干净,去除模具表面的灰尘和水,避免压型过程中损坏模具。为了方便压型和取样,在模具表面涂凡士林。接着将准备好的模具及压型装置放置在冷库(−10 ℃)中冷却,防止在压型过程中由于模具温度较高导致水合物分解。然后按照试样尺寸计算所需的含冰粉水合物质量及高岭土质量,并将其在冷库(−10 ℃)内混合均匀。最后,将混合好的水合物及高岭土放入模具中,并在10 MPa轴向荷载条件下压制到所需尺寸(φ50 mm×100 mm)。试样成型后,在冷库内将试样脱模,并按照要求将试样端面修平。获得的天然气水合物沉积物试样如图 2.4 所示。实验开始前,称量试样质量,测量试样高度、直径等参数。为了减少天然气水合物在试样制备过程中的分解,所有过程均在冷库内进行。

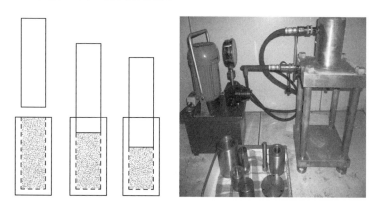

图 2.3　压型装置及试样制备过程

Fig. 2.3　Molding device and the process of specimen preparation

图 2.4　天然气水合物沉积物试样

Fig. 2.4　Methane hydrate-bearing specimen

（4）三轴实验步骤

天然气水合物沉积物试样制备完成后,将其放置在上、下压垫之间并包裹 0.5 mm 厚的橡皮膜。橡皮膜与上、下压垫之间用卡环扎紧,防止实验过程中液压油进入试样内。然后将试样和上、下压垫放入压力室内,并将其固定在压力室内底座的定位销上,保持试样直立稳定。接着将压力室盖盖在压力室上,并用卡套固定压力室盖和压力室。打开排气孔,将事先冷却到设定温度的液压油通过注油孔注入压力室内。当液压油从排气孔连续排出时,说明压力室已经被液压油充满。关闭排气孔,并开启恒温槽控制压力室内液压油温度,进而控制试样温度。然后根据实验条件,施加围压将试样固结至预定应力状态。固结完成后,将围压、温度等调整到实验值,并设定所需的轴向剪切速率进行三轴剪切实验。实验过程中,记录应力应变曲线,并每隔3%轴向应变保存一次数据,当轴向应变达到20%时结束实验。实验结束后,卸去轴向荷载和围压,并用空气压缩机通过排气孔将压力室内的液压油吹回到液压油箱中。打开压力室盖,取出试样。记录试样破坏后的形状、尺寸等参数,并拍照记录。图2.5所示为三轴压缩实验后的天然气水合物沉积物试样。试样制备及三轴压缩实验过程严格按照以上步骤进行,获得的实验数据具有较好的重复性。

图2.5 三轴压缩实验后的天然气水合物沉积物试样

Fig. 2.5 Methane hydrate-bearing specimen after triaxial compression test

### 2.1.4　实验内容

本研究具体实验参数见表 2.2。通过对获得的天然气水合物岩芯样品的分析可知,其孔隙度分布范围较广($20\%\sim95\%$)[92-94]。本研究采用的天然气水合物沉积物试样中的高岭土与含冰粉天然气水合物的体积比为 4：6,试样孔隙度为 $61.2\%$。试样中孔隙基本被天然气水合物和冰粉颗粒占据,大约剩余 $3\%\sim4\%$ 的孔隙空间。试样密度为 $1.613$ g/cm$^3$,剪切应变速率为 $0.01$ min$^{-1}$。

表 2.2　　　天然气水合物沉积物三轴压缩实验参数

Tab. 2.2　Experiment Parameters of triaxial compression tests for methane hydrate-bearing specimens

| 温度/℃ | 围压/MPa |
| --- | --- |
| $-5$ | 1, 2.5, 3.75, 5, 7.5, 10 |
| $-10$ | 1, 2.5, 3.75, 5, 6, 7, 8, 9, 10 |
| $-15$ | 1, 2.5, 3.75, 5, 7.5, 10 |
| $-20$ | 1, 2.5, 3.75, 5, 7.5, 10 |

## 2.2　冻土区天然气水合物沉积物力学特性

天然气水合物是一种亚稳态物质,温度和压力的改变都有可能造成天然气水合物的分解,进而影响地层的物理/化学性质(如剪切强度、渗透性、流变性等)、地球物理性质(如地震波速、导电性等)以及地球化学性质(如孔隙流体成分、盐度等)[95]。在天然气水合物钻探与开采过程中,水合物分解可能导致钻井变形、甲烷气体溢出等灾害。另外,温度和压力的改变会造成颗粒之间胶结状态、孔隙水含量以及孔隙结构的变化,对天然气水合物沉积物的力学特性有重要影响[96-98]。因此,在天然气水合物开采过程中有必要研究天然气水合物储层的力学特性,研究温度、围压等对其强度及变形特性的影响,进而分析和评价水合物开采对地层沉降量的影响。

### 2.2.1 应力应变曲线

从图 2.5 中可以看到,天然气水合物沉积物试样在剪切过程中呈现出塑性变形(并未出现明显的剪切带,试样的中间凸起成鼓状)。应力应变曲线是研究材料强度及变形特性的基础,反映材料在荷载作用下的变形情况,获得的实验参数可以用来建立材料的强度准则和本构模型。图 2.6～图 2.9 所示为天然气水合物沉积物试样在不同温度和围压条件下的应力应变曲线,温度分别为－5 ℃、－10 ℃、－15 ℃、－20 ℃,围压为 1 MPa 到 10 MPa。从这些图中可以看到,在剪切的初始阶段(轴向应变小于 0.5%～1.0%),试样的轴向偏应力随着轴向应变的增大而线性增大,表现出一定的弹性性质。随着轴向应变的继续增大,试样轴向偏应力继续增大,但是增加的速率逐渐减小,此时试样发生弹塑性变形。当轴向偏应力达到一定程度时,试样开始屈服,轴向偏应力随着轴向应变有轻微增大的趋势(应变硬化现象),部分试样轴向偏应力有所降低(应变软化现象)。

材料的应力应变曲线可以分为三个阶段:①准弹性阶段,材料轴向偏应力随着轴向应变几乎线性增大,此阶段材料主要为弹性变形;②硬化阶段,材料的轴向偏应力随着轴向应变逐渐增大,而增大速率逐渐减小,此阶段材料主要为塑性变形,并伴有一定的弹性变形;③屈服阶段,轻微的轴向偏应力增量都能引起较大的轴向应变,此时材料已经破坏,材料主要为塑性变形。从图 2.6～图 2.9 中可以发现,应力应变曲线变化的三个阶段在天然气水合物沉积物试样中都有出现。

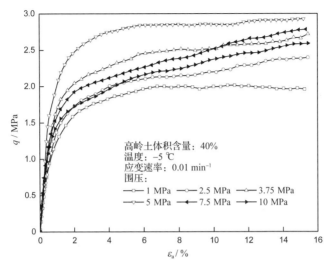

图 2.6　天然气水合物沉积物试样在不同围压条件下的应力应变曲线(-5 ℃)
Fig. 2.6　Stress-strain curves for methane hydrate-bearing specimens
under different confining pressures(-5 ℃)

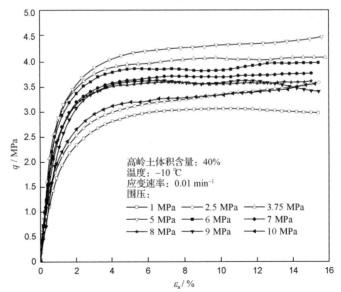

图 2.7　天然气水合物沉积物试样在不同围压条件下的应力应变曲线(-10 ℃)
Fig. 2.7　Stress-strain curves for methane hydrate-bearing specimens
under different confining pressures(-10 ℃)

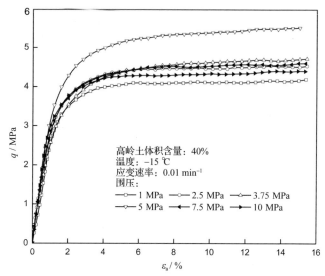

图 2.8 天然气水合物沉积物试样在不同围压条件下的应力应变曲线(-15 ℃)
Fig. 2.8 Stress-strain curves for methane hydrate-bearing specimens
under different confining pressures(-15 ℃)

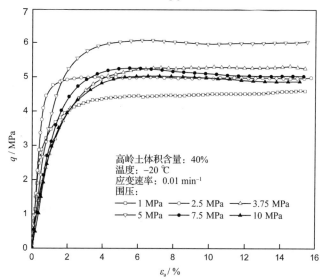

图 2.9 天然气水合物沉积物试样在不同围压条件下的应力应变曲线(-20 ℃)
Fig. 2.9 Stress-strain curves for methane hydrate-bearing specimens
under different confining pressures(-20 ℃)

## 2.2.2　围压影响

由于对试样横向变形的限制作用,围压对材料的强度及变形特性是不可忽略的一个因素。如图 2.6～图 2.9 所示,大部分天然气水合物沉积物试样的应力应变曲线均呈现出应变硬化或轻微的应变硬化现象,轴向偏应力在剪切过程中并未出现明显的峰值。变形过程大致可以分为三个阶段:准弹性阶段、硬化阶段及屈服阶段。在本研究中,定义轴向应变 15% 处的轴向偏应力值或者剪切过程中轴向偏应力的峰值为天然气水合物沉积物试样的破坏强度。

图 2.10 所示为不同温度条件下围压对天然气水合物沉积物试样破坏强度的影响。从图 2.6～图 2.10 中可以看到,当围压小于 5 MPa 时,天然气水合物沉积物试样的刚度(材料在初始剪切阶段应力应变曲线的斜率)随着围压的增大而增大,破坏强度也随着围压的增大而增大,且在较高围压(小于 5 MPa)条件下,试样更容易出现应变硬化现象。试样在剪切过程中,随着轴向应变的增大,土颗粒会发生相对滑动、旋转或翻越相邻颗粒,而这一过程需要消耗一定的能量。另外,天然气水合物和冰对土颗粒的胶结作用随着轴向应变/变形的增大逐渐减小,且当部分颗粒越过邻近颗粒时,会导致试样局部密度疏松,进而会引起试样的应变软化现象。随着围压的增大,颗粒之间的相对滑动、旋转以及翻越邻近颗粒需要克服更大的摩擦阻力,需要消耗更多的能量使试样发生变形,表现为刚度和破坏强度的增加。对于级配良好的土,较粗颗粒间的孔隙被较细的颗粒所填充,这一连锁填充效应,会使土的密实度较

好。在较低围压下,天然气水合物沉积物试样处于压密阶段,此时试样内的连锁填充效应会导致试样强度的增加。并且由于颗粒之间相互滑动受到限制,水合物对土颗粒之间的胶结作用在剪切过程中更难被破坏。因此,天然气水合物沉积物试样在较高围压条件下呈现出更明显的应变硬化现象。

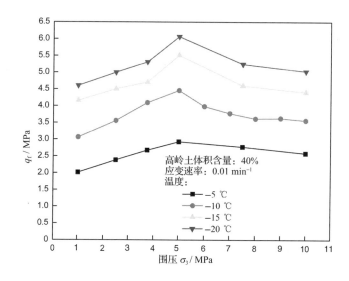

图 2.10    不同温度条件下围压对天然气水合物沉积物试样破坏强度的影响

Fig. 2.10    Effect of confining pressure on the failure strength of methane hydrate-bearing specimens under different temperatures

随着围压的进一步增大(大于 5 MPa),天然气水合物沉积物试样的强度和刚度逐渐降低,说明围压的增大既可以限制天然气水合物沉积物试样的变形,同时也可以诱导天然气水合物沉积物试样的破坏。此结果与马巍等[99]在冻土相关的研究中得到的结论类似,即冻土试样的强度随围压变化的规律可以划分为 3 个区:①强度增加区;②强度缓慢降低区;③强度急剧下降区。并可以将围压对冻土试样强度的影响用抛物线模型来描述[100,101]。在本研究中,并未发现强度急剧下降区,此结论在以后的研究中有待进一步的验证。由于在较高的围压(大于 5 MPa)作用下,部分颗粒会发生破碎(图 2.11)[100,102],且这些颗粒会克服咬合力而越过相邻颗粒,导致强度降低。另外,围压过大会导致颗粒间的冰晶出现局部压融现象[96,98],此时未冻水含量增加,增加了颗粒表面结合水膜的厚度,颗粒间黏聚力降低,润滑作用增强,降低了土颗粒之间的摩擦阻力,表现为试样强度的降低[43]。

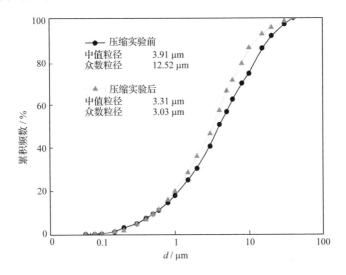

图 2.11　压缩前后天然气水合物沉积物试样粒径分布对比图

Fig. 2.11　Comparison of grain size distribution of methane hydrate-bearing

specimen before and after compaction

### 2.2.3　温度影响

在一定压力条件下,温度的变化不仅能决定天然气水合物的生成与分解,同时也能改变沉积物颗粒之间的胶结状态、含水量以及孔隙结构等,从而改变储层的强度和力学特性[103]。

图 2.12 所示为不同围压条件下温度对天然气水合物沉积物试样破坏强度的影响。从该图中可以看到,天然气水合物沉积物试样的强度随着温度的降低明显地增大,且在不同围压条件下,温度的影响趋势基本相同。天然气水合物与冰的性质类似,在冻土研究中,也发现了类似的实验现象:随着温度的降低,冻土试样的黏聚力和内摩擦角逐渐增大[104]。相关研究表明,冻土中的未冻水含量不是固定不变的,而是随着外界条件的变化一直处于动态平衡之中,即随着温度的降低,未冻水含量逐渐减少[105-107]。试样中未冻水含量减少,降低了土颗粒之间的润滑作用,进而增加了颗粒之间的摩擦阻力。另外,随着温度的降低,冰的含量增加,而且天然气水合物在较低温度下更稳定,增加了土颗粒之间的胶结作用,也会造成试样强度的增大。Helgerud 等[51]和 Durham 等[61]分别研究了纯天然气水合物的声波速度和流变特性,发现纯天然气水合物的强度随着温度的升高而降低,他们的实验结果说明,温度对天然气水合物沉积物试样强度的影响也可能是由于天然气水合物本身强度的变化造成的。

如图 2.12 所示,当试样温度在-5~-20 ℃时,温度对天然气水合物沉积物试样破坏强度的影响可以用 2 次方程来描述,如式(2.1)所示。具体的拟合参数见表 2.3。

$$(\sigma_1 - \sigma_3)_{max} = a + b\theta + c\theta^2 \tag{2.1}$$

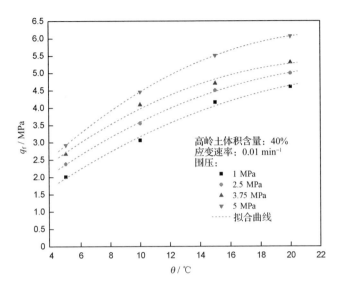

图 2.12　不同围压条件下温度对天然气水合物试样破坏强度的影响($\theta$,负温绝对值)

Fig. 2.12　Effect of temperature on the failure strength of methane hydrate-bearing specimens under different confining pressures($\theta$,absolute value of negative tempreture)

表 2.3　　　　　　　　　式(2.1)的拟合参数

Tab. 2.3　　　　　　　　　Fitting parameters of Eq. (2.1)

| 围压/MPa | $a$ | $b$ | $c$ | $R^2$ |
|---|---|---|---|---|
| 1 | 0.487 | 0.329 | $-0.006$ | 0.982 |
| 2.5 | 0.809 | 0.347 | $-0.007$ | 0.998 |
| 3.75 | 1.045 | 0.274 | $-0.008$ | 0.975 |
| 5 | 0.900 | 0.454 | $-0.010$ | 0.999 |

## 2.3 冻土区天然气水合物沉积物强度准则

材料在外力作用下有两种不同形式的破坏:①脆性破坏,材料在变形过程中不发生显著塑性变形而突然断裂;②塑性破坏,材料因发生显著塑性变形而不能继续承载。强度理论就是研究材料在复杂应力条件下的屈服和破坏规律,包括屈服准则、破坏准则、多轴疲劳准则等,是各种工程强度计算和设计必需的理论基础[108, 109]。到目前为止,研究者已经提出了上百个准则或模型,但是没有一个准则或模型能够被人们完全接受。为了研究天然气水合物沉积物的破坏机理,评价和预测天然气水合物沉积物的破坏强度,需要建立适用于天然气水合物沉积物的强度准则。

### 2.3.1 不同围压条件下冻土区天然气水合物沉积物强度准则

在土木工程的设计与施工过程中,人们提出了摩尔-库仑强度准则(Mohr-Coulomb criterion)、Drucker-Prager 准则[110]以及 Von Mises-Botkin 准则[111]等,并取得了较好的应用效果。Ma 等[112]、Lai 等[113, 114]以及 Yang 等[115]提出了不同围压条件下冻土试样的强度准则,并分析了冻土试样的强度及变形特性。然而,由于天然气水合物沉积物成分的复杂性以及特殊的物理/化学性质,这些强度准则并不完全适用。

图 2.13 所示为摩尔-库仑强度准则与天然气水合物沉积物试样实验结果的对比情况。从该图中可以发现,当围压较低(小于 5 MPa)时,摩尔-库仑强度准则对于天然气水合物沉积物试样是适用的[116]。但当在 0~10 MPa 内应用摩尔-库仑强度准则时,会出

现较大的误差(强度包络线偏离摩尔圆)。

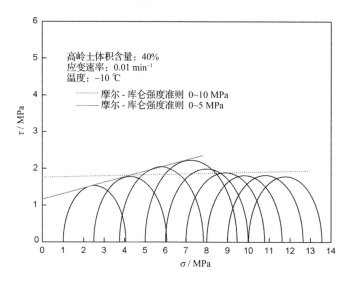

图 2.13　摩尔-库仑强度准则与天然气水合物沉积物试样

Fig. 2.13　Comparison between Mohr-Coulomb criterion and experimental

results of methane hydrate-bearing specimens

本研究采用考虑温度影响的分段线性强度准则来描述天然气
水合物沉积物试样在复杂应力状态下的破坏情况。当围压小于
5 MPa 时,修正的摩尔-库仑强度准则仍然适用,而当围压大于
5 MPa 时,采用最小二乘法获得天然气水合物沉积物试样的强度包
络线。具体的强度准则可用如下方程表示:

当 $\sigma \leqslant \sigma_{cr}$ 时

$$\tau = c + \sigma \tan\varphi \tag{2.2}$$

式中

$$c = \frac{q_u}{2\tan(45° + \varphi/2)} = \frac{a_1 + b_1\theta^m}{2\tan(45° + \varphi/2)} \tag{2.3}$$

$$\varphi = a_2 + b_2\theta \tag{2.4}$$

当 $\sigma > \sigma_{cr}$ 时

$$\tau = f_1(\theta) + f_2(\theta)\sigma \qquad (2.5)$$

式中，$\tau$ 是剪切应力；$c$ 是黏聚力；$q_u$ 是无侧限抗压强度；$\varphi$ 是内摩擦角；$f_1(\theta)$ 和 $f_2(\theta)$ 是受温度影响的参数；$\sigma$ 是正应力；$\sigma_{cr}$ 是当剪切应力 $\tau$ 达到峰值时的临界正应力；$\theta$ 是负温的绝对值。

相关研究表明，当温度小于 0 ℃时，冻结材料的未冻水含量随着温度的降低以幂函数的关系降低[117]，材料黏聚力由于冰颗粒与土颗粒之间的胶结作用而增加好几倍[118]。冻结水和未冻水含量的变化对材料的强度及变形特性有显著的影响。由于天然气水合物与冰的性质类似，未冻水含量对天然气水合物沉积物试样强度及变形特性的影响与冻土类似。根据之前的研究以及实验数据，本研究认为无侧限抗压强度 $q_u$ 与负温绝对值之间的关系可以用幂函数来描述。同时，$q_u$、$\varphi$、$f_1(\theta)$、$f_2(\theta)$ 以及 $\sigma_{cr}$ 与 $\theta$ 之间的关系如图 2.14～图 2.15 所示，并可分别由以下公式描述：

$$q_u = -1.17 + 1.459\theta^{0.437} \qquad (2.6)$$

$$\varphi = 5.612 + 0.189\theta \qquad (2.7)$$

$$f_1(\theta) = 1.096 + 0.151\theta \qquad (2.8)$$

$$f_2(\theta) = -0.021 - 0.005\theta \qquad (2.9)$$

$$\sigma_{cr} = 5.795 + 0.101\theta \qquad (2.10)$$

将式(2.6)～式(2.10)代入到式(2.2)～式(2.5)中，获得的分段线性强度准则如下式所示：

当 $\sigma \leqslant 5.795 + 0.101\theta$ 时

$$\tau = \frac{-1.17 + 1.459\theta^{0.437}}{2\tan(45° + \frac{5.612 + 0.189\theta}{2})} + \sigma\tan(5.612 + 0.189\theta)$$

$$(2.11)$$

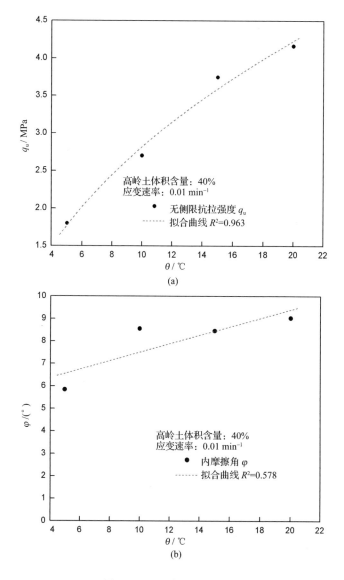

图 2.14　$q_u$、$\varphi$ 与 $\theta$ 之间的关系

Fig. 2.14　The relationship between $q_u$, $\varphi$ and $\theta$

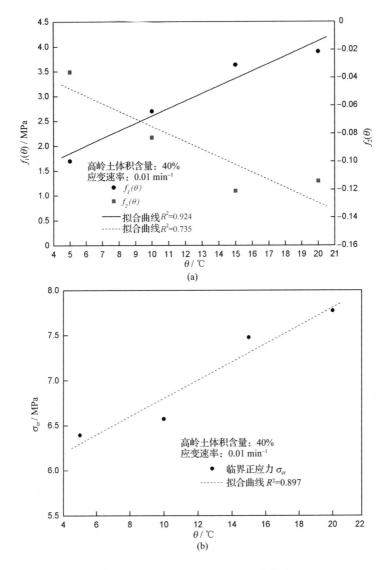

图 2.15 $f_1(\theta)$、$f_2(\theta)$、$\sigma_{cr}$ 与 $\theta$ 之间的关系

Fig. 2.15 The relationship between $f_1(\theta)$, $f_2(\theta)$, $\sigma_{cr}$ and $\theta$

当 $\sigma > 5.795 + 0.101\theta$ 时

$$\tau = 1.096 + 0.151\theta - (0.021 + 0.005\theta)\sigma \qquad (2.12)$$

式中,$\tau$、$\sigma$ 的单位是 MPa;$\theta$ 的单位是℃。

图 2.16 所示为建立的强度准则与实验数据的比较。从该图中可以看到,获得的分段线性强度准则可以较好地反映不同应力(围压 0～10 MPa)条件和不同温度(−5 ℃、−10 ℃、−15 ℃、−20 ℃)条件下天然气水合物沉积物试样的剪切强度、黏聚力、内摩擦角等参数。在一定条件下,这些参数可以作为冻土区天然气水合物矿藏安全开采以及基础设施建设的参考。然而,在较高围压(5～10 MPa)条件下,天然气水合物沉积物试样的强度并不是随着围压的增大严格地线性减小,如果采用此分段线性强度准则,会存在一定的误差。当温度接近或者大于 0 ℃,或者在更高的围压(大于 10 MPa)条件下,天然气水合物沉积物的强度准则目前仍不明确。

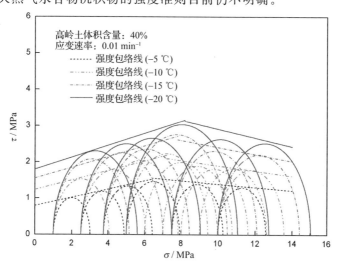

图 2.16　强度准则与实验数据的比较

Fig. 2.16　Comparison between the proposed strength criterion and experimental results

### 2.3.2　高围压条件下冻土区天然气水合物沉积物强度准则

图 2.17 所示为最大轴向偏应力$(\sigma_1-\sigma_3)_{max}$与围压 $\sigma_3$ 的关系曲线。从该图中可以看到,当围压大于 5 MPa 时,天然气水合物沉积物试样的破坏强度随着围压的增大逐渐减小,且减小的速率逐渐降低,并最终趋向于稳定。其关系式可用如下公式表示:

$$(\sigma_1-\sigma_3)_{max}=\sigma_0+k\mathrm{e}^{-\frac{\sigma_3}{m}} \tag{2.13}$$

式中,$\sigma_0$、$k$、$m$ 是与材料性质有关的实验系数。

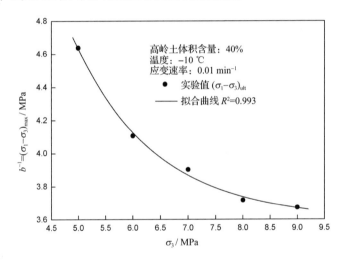

图 2.17　最大轴向偏应力$(\sigma_1-\sigma_3)_{max}$与围压 $\sigma_3$ 的关系曲线

Fig. 2.17　The relationship between maximum deviator stress$(\sigma_1-\sigma_3)_{max}$

and confining pressure $\sigma_3$

在统计学中,当决定系数 $R^2$ 大于 0.7 时,即可认为拟合结果是合理的。在本研究中,获得的实验系数如下所示:

$$\sigma_0=3.57,k=41.23,m=1.30$$

其中,决定系数 $R^2=0.991$,说明拟合结果较好。

根据摩尔-库仑强度准则,材料的强度包络线可以用如下公式表示：

$$f(\sigma,\tau,\sigma_1,\sigma_3)=(\sigma-\frac{\sigma_1+\sigma_3}{2})^2+\tau^2-(\frac{\sigma_1-\sigma_3}{2})^2=0 \quad (2.14)$$

根据式(2.13)，可以得到

$$g(\sigma_1,\sigma_3)=\sigma_0+\sigma_3+k\mathrm{e}^{-\frac{\sigma_3}{m}}-\sigma_1=0 \quad (2.15)$$

对式(2.14)和式(2.15)进行微分，可以得到

$$\frac{\partial f(\sigma,\tau,\sigma_1,\sigma_3)}{\partial \sigma_1}=\sigma_3-\sigma \quad (2.16)$$

$$\frac{\partial f(\sigma,\tau,\sigma_1,\sigma_3)}{\partial \sigma_3}=\sigma_1-\sigma \quad (2.17)$$

$$\frac{\partial g(\sigma_1,\sigma_3)}{\partial \sigma_1}=-1 \quad (2.18)$$

$$\frac{\partial g(\sigma_1,\sigma_3)}{\partial \sigma_3}=1-\frac{k}{m}\cdot\mathrm{e}^{-\frac{\sigma_3}{m}} \quad (2.19)$$

根据包络线理论，可以得到

$$\frac{\partial f}{\partial \sigma_1}\cdot\frac{\partial g}{\partial \sigma_3}-\frac{\partial f}{\partial \sigma_3}\cdot\frac{\partial g}{\partial \sigma_1}=0 \quad (2.20)$$

将式(2.16)～式(2.19)获得的结果代入到式(2.20)，可以得到

$$\frac{\partial f}{\partial \sigma_1}\cdot\frac{\partial g}{\partial \sigma_3}-\frac{\partial f}{\partial \sigma_3}\cdot\frac{\partial g}{\partial \sigma_1}=(\sigma_3-\sigma)\cdot(1-\frac{k}{m}\cdot\mathrm{e}^{-\frac{\sigma_3}{m}})+(\sigma_1-\sigma)=0$$

$$(2.21)$$

根据式(2.21)，可以得到正应力 $\sigma$ 的表达式为

$$\sigma=\frac{\sigma_1+(1-\frac{k}{m}\cdot\mathrm{e}^{-\frac{\sigma_3}{m}})\sigma_3}{2-\frac{k}{m}\cdot\mathrm{e}^{-\frac{\sigma_3}{m}}} \quad (2.22)$$

将式(2.22)代入到式(2.14)中，可以得到剪切应力的表达式为

$$\tau = \sqrt{(\frac{\sigma_1 - \sigma_3}{2})^2 - [\frac{\sigma_1 + (1 - \frac{k}{m} \cdot \mathrm{e}^{-\frac{\sigma_3}{m}})\sigma_3}{2 - \frac{k}{m} \cdot \mathrm{e}^{-\frac{\sigma_3}{m}}} - \frac{\sigma_1 + \sigma_3}{2}]^2} \quad (2.23)$$

由式(2.22)和式(2.23)计算得到的强度包络线如图 2.18 所示。从该图中可以看到,获得的强度包络线与天然气水合物沉积物试样的摩尔应力圆基本相切,可以较好地反映其在高围压条件下的剪切强度。与本书 2.3.1 小节中介绍的分段线性强度准则相比,此非线性强度准则能更准确地反映高围压条件下天然气水合物沉积物在复杂应力条件下的破坏情况。与图 2.16 比较可以发现,式(2.22)和式(2.23)获得的强度包络线低于式(2.12)获得的强度包络线,因此在实际工程建设当中,应用式(2.22)和式(2.23)计算和设计工程结构强度将更安全,安全系数更高。

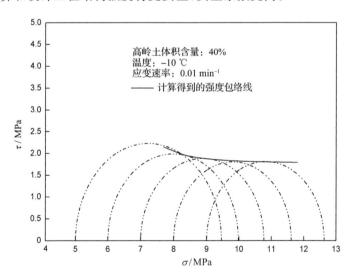

图 2.18　高围压条件下天然气水合物沉积物试样强度包络线

Fig. 2.18　The strength envelope curve of methane hydrate-bearing
specimens under high confining pressures

## 2.4　高围压条件下冻土区天然气水合物沉积物本构模型

本构模型是描述材料在外部荷载作用下变形特性的基础,同时也是地层变形数值模拟分析的理论基础,反映了材料的宏观性质[119]。获得的本构方程能够描绘材料的应力应变曲线,对土木工程建设施工的设计和计算具有重要意义。目前,相关研究者建立了很多适用于砂土、冻土材料的本构模型[113,115,120,121],但是由于天然气水合物物理/化学性质的特殊性以及相关实验数据缺乏,对天然气水合物沉积物本构模型的研究较少。为了评估天然气水合物储层在开采过程中的变形及沉降量,本研究在借鉴冻土力学和土力学理论的基础上[104,106,122-133],根据获得的实验结果,探索适用于冻土区天然气水合物沉积物的本构模型。

### 2.4.1　天然气水合物沉积物的修正 Duncan-Chang 模型

Kondner 等[134,135]的研究表明,双曲线方程可以较好地描述黏土和砂土的非线性应力应变关系。在 Kondner 等[134,135]研究的基础上,Duncan 和 Chang 提出了 Duncan-Chang 模型来描述砂土材料的应力应变曲线[136],并取得了较好的效果。于锋等[72,116]对天然气水合物沉积物进行了一系列的三轴实验研究,发现在较低围压(小于 5 MPa)条件下,Duncan-Chang 模型对天然气水合物沉积物是适用的。但是由于冻土区天然气水合物沉积物在高围压条件下存在冰的压融现象(参见本书 2.2.2 小节),Duncan-Chang 模型是否适用目前仍不明了。

从图 2.6～图 2.9 中可以看到,高围压条件下天然气水合物沉积物试样的应力应变曲线基本都呈现出轻微的应变硬化现象,与黏土和砂土的应力应变曲线类似,在一定条件下可以用双曲线方程来描述,并可用 Duncan-Chang 模型表示如下:

$$\sigma_1 - \sigma_3 = \frac{\varepsilon_a}{a + b\varepsilon_a} = \frac{1}{\dfrac{a}{\varepsilon_a} + b} \tag{2.24}$$

式中,$\sigma_1 - \sigma_3$ 为轴向偏应力;$\varepsilon_a$ 为轴向应变;$a$、$b$ 为材料系数。

从式(2.24)中可以发现,当 $\varepsilon_a \to \infty$ 时,可以获得应力应变曲线的渐近线,即轴向偏应力的最终值 $(\sigma_1 - \sigma_3)_{ult}$。相关研究表明,最终轴向偏应力 $(\sigma_1 - \sigma_3)_{ult}$ 与材料的破坏强度 $(\sigma_1 - \sigma_3)_{max}$ 之间一般成比例关系[104],因此本研究认为最终轴向偏应力 $(\sigma_1 - \sigma_3)_{ult}$ 与围压 $\sigma_3$ 的关系类似于式(2.13)的形式,如下所示:

$$(\sigma_1 - \sigma_3)_{ult} = \frac{1}{b} = \sigma_{ult} + u e^{-\frac{\sigma_3}{t}} \tag{2.25}$$

式中,$(\sigma_1 - \sigma_3)_{ult}$ 为最终轴向偏应力;$\sigma_{ult}$、$u$、$t$ 为通过实验数据获得的相关材料系数;$b$ 的值与最终轴向偏应力的倒数相同。

如图 2.19 所示,通过拟合可以得到材料参数的值

$$\sigma_{ult} = 3.60, u = 30.37, t = 1.48$$

其中,决定系数 $R^2 = 0.993$,说明拟合结果较好。

在式(2.24)中,围压 $\sigma_3$ 是常数,将其关于轴向应变 $\varepsilon_a$ 求偏导,可以获得材料的切线模量 $E_t$ 为

$$E_t = \frac{d\sigma_1}{d\varepsilon_a} = \frac{d(\sigma_1 - \sigma_3)}{d\varepsilon_a} = \frac{1}{a + b\varepsilon_a} - \frac{b\varepsilon_a}{(a + b\varepsilon_a)^2} = \frac{a}{(a + b\varepsilon_a)^2}$$

$$\tag{2.26}$$

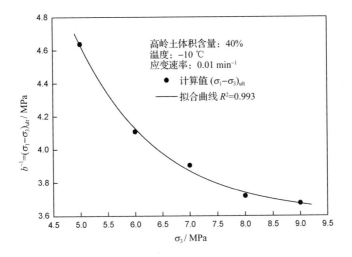

图 2.19 最终轴向偏应力 $(\sigma_1 - \sigma_3)_{ult}$ 与围压 $\sigma_3$ 的关系曲线

Fig. 2.19 The relationship between ultimate deviator stress $(\sigma_1 - \sigma_3)_{ult}$

and confining pressure $\sigma_3$

从式(2.26)中可以看到,当轴向应变 $\varepsilon_a \rightarrow 0$ 时,可以获得材料的初始切线模量为

$$E_i = \frac{1}{a} \qquad (2.27)$$

由式(2.27)可以发现,$a$ 的值与材料初始切线模量 $E_i$ 的倒数相同。

土力学的相关研究表明[64],材料的初始切线模量 $E_i$ 受围压 $\sigma_3$ 的影响,并可用如下的公式表示为

$$E_i = K_E p_a (\frac{\sigma_3}{p_a})^n \qquad (2.28)$$

或者

$$\lg \frac{E_i}{p_a} = \lg K_E + n \lg \frac{\sigma_3}{p_a} \qquad (2.29)$$

式中,$K_E$ 和 $n$ 是与材料性质相关的参数;$p_a$ 为标准大气

压,$p_a$—0.10133 MPa。

图 2.20 所示为材料的初始切线模量 $E_i$ 与围压 $\sigma_3$ 的关系。从该图中可以看到,$\lg K_E$ 和 $n$ 分别为拟合曲线的截距和斜率。在本书中,获得的实验参数为

$$\lg K_E = 3.193, n = 0.398$$

其中,决定系数 $R^2 = 0.838$。

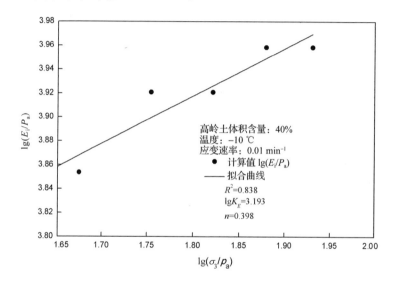

图 2.20　初始切线模量 $E_i$ 与围压 $\sigma_3$ 的关系

Fig. 2.20　The relationship between the initial tangent modulus $E_i$ and confining pressure $\sigma_3$

为了确定最终轴向偏应力 $(\sigma_1 - \sigma_3)_{ult}$ 的值,引入了破坏比 $R_f$,定义为

$$R_f = \frac{(\sigma_1 - \sigma_3)_f}{(\sigma_1 - \sigma_3)_{ult}} \tag{2.30}$$

以及

$$(\sigma_1 - \sigma_3)_f = (\sigma_1 - \sigma_3)_{max} = \sigma_0 + k e^{-\frac{\sigma_3}{m}} \tag{2.31}$$

通常,$R_f = 0.75 \sim 1.0$。

将式(2.28)和式(2.31)代入到式(2.26),可以得到切线模量
$E_t$ 的表达式为

$$E_t = K_E p_a (\frac{\sigma_3}{p_a})^n \left[ 1 - \frac{R_f(\sigma_1 - \sigma_3)}{\sigma_0 + ke^{-\frac{\sigma_3}{m}}} \right] \qquad (2.32)$$

### 2.4.2　修正 Duncan-Chang 模型验证

将修正 Duncan-Chang 模型计算得到的应力应变曲线与实验
数据对比,发现预测曲线与实验数据基本重合(图 2.21～图 2.23
和表 2.4),可以较好地反映高围压条件下天然气水合物沉积物试
样的强度及变形特性,可以作为冻土区天然气水合物资源安全开
采及工程基础设施设计施工的重要参考。

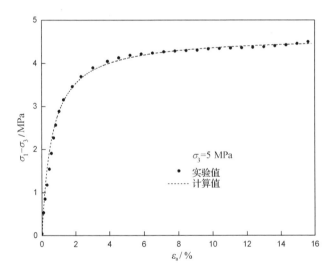

图 2.21　计算值与实验值比较($\sigma_3 = 5$ MPa)

Fig. 2.21　Comparison of calculated results and experimental results ($\sigma_3 = 5$ MPa)

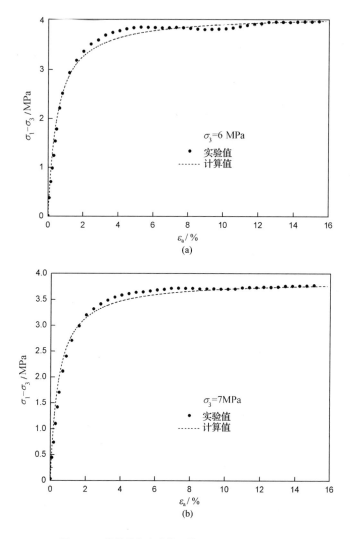

图 2.22　计算值与实验值比较($\sigma_3 = 6$ MPa, 7 MPa)

Fig. 2. 22　Comparison of calculated results and experimental results

($\sigma_3 = 6$ MPa, 7 MPa)

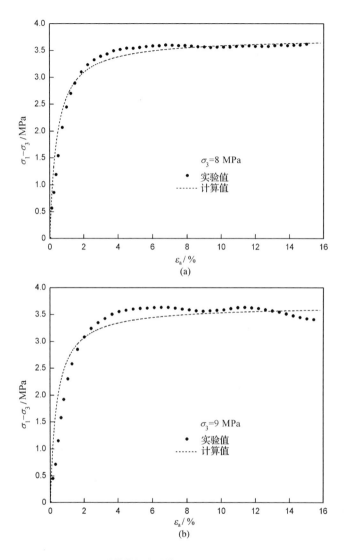

图 2.23　计算值与实验值比较($\sigma_3 = 8$MPa,9 MPa)

Fig. 2.23　Comparison of calculated results and experimental results

($\sigma_3 = 8$ MPa,9 MPa)

表 2.4 计算值与代表性实验值比较

Tab. 2. 4 Comparison of calculation and typical experimental results

| $\varepsilon_a$ | $\sigma_1-\sigma_3,\sigma_3=5$ MPa | | | $\sigma_1-\sigma_3,\sigma_3=6$ MPa | | |
|---|---|---|---|---|---|---|
| | 实验结果 | 计算结果 | 误差 | 实验结果 | 计算结果 | 误差 |
| 0.5% | 1.690 | 2.054 | 21.5% | 1.843 | 2.023 | 9.8% |
| 1.0% | 2.840 | 2.847 | 0.25% | 2.750 | 2.715 | 1.3% |
| 2.0% | 3.556 | 3.527 | 0.82% | 3.372 | 3.275 | 2.9% |
| 4.0% | 4.062 | 4.005 | 1.4% | 3.794 | 3.652 | 3.7% |
| 8.0% | 4.286 | 4.297 | 0.26% | 3.855 | 3.875 | 0.52% |
| 12.0% | 4.361 | 4.404 | 1.0% | 3.944 | 3.956 | 0.3% |

# 第3章 含冰粉天然气水合物力学特性研究

第2章介绍了冻土区天然气水合物沉积物的力学特性研究，并认为天然气水合物在沉积物中的分布是均匀的。然而，天然气水合物在沉积物中的分布并不都是均匀的，而是以多种形式存在于沉积物或岩石孔隙中：①呈分散状胶结沉积物颗粒；②以薄层状、结核状或弹丸状的形式存在于沉积物或岩石孔隙中；③以细条纹状赋存在沉积物或岩石裂隙中；④以大块的/大面积的纯水合物形式存在[137,138]。在同一个天然气水合物矿藏中，经常穿插着高饱和度天然气水合物的区域和几乎不含天然气水合物的区域[139,140]。国际深海钻探计划（DSDP）第 84 航次在中美洲海槽危地马拉（Guatemala）近海获得的钻孔岩芯水合物饱和度在 90％以上，沉积物只占 5％～7％[141]。在冻土区或极地海底冻土层形成的天然气水合物矿藏通常伴随着冰的存在。因此，研究含冰粉天然气水合物的力学特性有助于更深入地阐明冻土区天然气水合物矿藏的力学稳定性，同时也是对冻土区天然气水合物沉积物力学特性研究的一个补充,对冻土区或极地海底冻土层天然气水合物矿藏的安全开采同样具有重要的参考价值。

本章介绍了含冰粉天然气水合物的力学特性研究,主要包括相关的实验装置、力学特性实验和强度准则。

## 3.1　实验装置、材料与方法

### 3.1.1　实验装置与材料

实验装置详见 2.1.1 小节;实验材料为冰粉和高纯度甲烷气体,详见 2.1.2 小节。

### 3.1.2　实验方法与步骤

(1)制备冰粉及含冰粉天然气水合物

具体过程详见 2.1.3 小节。

(2)制备含冰粉天然气水合物试样

采用如图 2.3 所示的压型装置制备含冰粉天然气水合物试样,具体制备方法与制备天然气水合物沉积物试样相同(详见 2.1.3 小节)。按照试样尺寸及天然气水合物体积含量计算所需的含冰粉天然气水合物(天然气水合物体积含量 30%)质量及冰粉质量,通过改变含冰粉天然气水合物与冰粉的质量配比获得不同天然气水合物体积含量(0、10%、20%、30%)的试样。将混合均匀的冰粉-水合物混合物放入模具中,并在 10 MPa 轴向荷载条件下压制到所需尺寸($\phi$50 mm×75 mm)。图 3.1 所示为含冰粉天然气水合物试样。

图 3.1　含冰粉天然气水合物试样

Fig. 3.1　Methane hydrate specimen containing ice

（3）三轴实验步骤

实验步骤与天然气水合物沉积物试样三轴压缩实验相同，详见 2.1.3 小节。图 3.2 所示为三轴压缩实验后的含冰粉天然气水合物试样。

图 3.2　三轴压缩实验后的含冰粉天然气水合物试样

Fig. 3.2　Methane hydrate specimen containing ice after triaxial compression test

### 3.1.3　实验内容

如表3.1所示,本章介绍了不同温度($-5\ ℃$、$-10\ ℃$、$-20\ ℃$)、不同水合物体积含量($0$、$10\%$、$20\%$、$30\%$)、不同围压($2.5\ \text{MPa}$、$5\ \text{MPa}$、$10\ \text{MPa}$、$15\ \text{MPa}$、$20\ \text{MPa}$)条件下含冰粉天然气水合物的强度及变形特性。其中,含冰粉天然气水合物试样密度为$0.9\ \text{g/cm}^3$,孔隙度为$17.8\%$,剪切应变速率为$0.0133\ \text{min}^{-1}$。

表 3.1　　含冰粉天然气水合物三轴压缩实验参数

Tab. 3.1 Experiment Parameters of triaxial compression tests for methane hydrate specimens containing ice

| 温度 $T/℃$ | 水合物体积含量 $\omega_h/\%$ | 围压 $\sigma_3/\text{MPa}$ |
|---|---|---|
| $-5$ | 30 | 0, 2.5, 5, 10, 15, 20 |
| $-10$ | 0 | 2.5, 5, 10 |
| | 10 | 2.5, 5, 10 |
| | 20 | 2.5, 5, 10 |
| | 30 | 0, 2.5, 5, 10, 15, 20 |
| $-20$ | 30 | 0, 2.5, 5, 10, 15, 20 |

## 3.2　含冰粉天然气水合物力学特性

### 3.2.1　应力应变曲线

图3.3所示为不同温度($-5\ ℃$、$-10\ ℃$、$-20\ ℃$)条件下含冰粉天然气水合物试样单轴压缩实验结果。从该图中可以看到,不同温度条件下的含冰粉天然气水合物试样均在轴向应变$1.0\%$处左右屈服,应力应变曲线呈现出典型的弹塑性应变硬化现象。随

着温度的降低,含冰粉天然气水合物试样的单轴抗压强度逐渐增大。在温度为 $-5$ ℃、$-10$ ℃、$-20$ ℃条件下,其单轴抗压强度分别为 1.50 MPa、2.35 MPa、3.35 MPa。

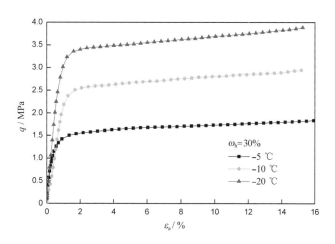

图 3.3　不同温度条件下含冰粉天然气水合物试样单轴压缩实验结果

Fig. 3.3　Uniaxial compression testing results of methane hydrate specimens containing ice under different temperatures

图 3.4~图 3.6 所示为不同温度($-5$ ℃、$-10$ ℃、$-20$ ℃)、围压(2.5 MPa、5 MPa、10 MPa、15 MPa、20 MPa)条件下含冰粉天然气水合物试样的应力应变曲线。从图 3.4 中可以看到,当温度为 $-5$ ℃时,含冰粉天然气水合物试样的应力应变曲线呈典型的弹塑性性质,在应力达到屈服点之后,伴随着轻微的应变硬化现象。当试样轴向应变不大于 1.0% 时,试样的轴向偏应力随着轴向应变的增大几乎线性增大;而随着轴向应变的继续增大,试样轴向偏应力的增加速率逐渐减慢,表现为应力应变曲线斜率的逐渐减小。当围压小于 10 MPa 时,含冰粉天然气水合物试样的屈服点随着围

压的增大而增大;而当围压大于10 MPa时,其屈服点随着围压的增大反而减小。如本书2.2.2小节所述,这是由于在较高围压条件下,冰粉产生了压融现象造成的。在天然气水合物沉积物试样中,由于土颗粒的存在,试样内部分区域在荷载及围压作用下会发生应力集中现象,进而产生局部高压力,更容易造成冰的压融。因此,如图2.10所示,天然气水合物沉积物试样在围压大于5 MPa时便发生了明显的压融现象,而在含冰粉天然气水合物试样中,当压力大于10 MPa时才发生明显的压融现象。图3.5和图3.6所示分别为−10 ℃和−20 ℃时含冰粉天然气水合物试样的应力应变曲线。可以发现,二者的应力应变曲线比较类似,且都在15 MPa和20 MPa时出现了应变软化现象。围压对含冰粉天然气水合物屈服强度的影响与马巍等[142]在冻土相关研究中得到的结果类似,同时与本书第2章中天然气水合物沉积物试样的结论也类似。

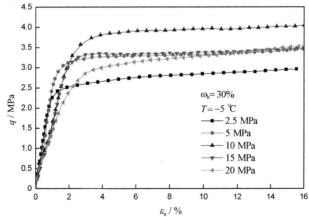

图 3.4 不同围压条件下含冰粉天然气水合物试样的应力应变曲线(−5 ℃)

Fig.3.4 Stress-strain curves of methane hydrate specimens containing ice
under various confining pressures(−5 ℃)

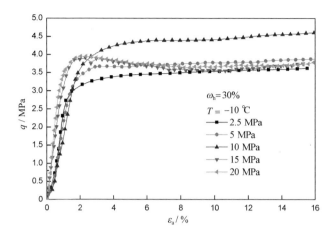

图 3.5　不同围压条件下含冰粉天然气水合物试样的应力应变曲线(−10 ℃)

Fig. 3.5　Stress-strain curves of methane hydrate specimens containing ice under various confining pressures(−10 ℃)

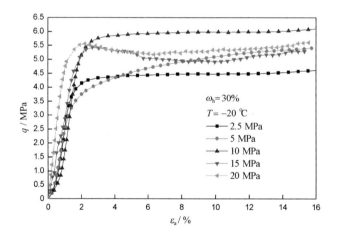

图 3.6　不同围压条件下含冰粉天然气水合物试样的应力应变曲线(−20 ℃)

Fig. 3.6　Stress-strain curves of methane hydrate specimens containing ice under various confining pressures(−20 ℃)

图 3.7 和图 3.8 所示为不同天然气水合物体积含量(0、10％、

20％、30％)的含冰粉天然气水合物试样在低围压(小于10 MPa)条件下的应力应变曲线。从这两个图中可以看到,不同天然气水合物体积含量的含冰粉天然气水合物试样的应力应变曲线也呈现出典型的弹塑性性质。在轴向应变不大于 1.0％ 时,试样轴向偏应力随着轴向应变的增大几乎线性增大;而随着轴向应变的进一步增大,应力应变曲线的斜率逐渐减小。当天然气水合物体积含量为 0 和 10％ 时,不同围压(2.5 MPa、5 MPa、10 MPa)条件下的含冰粉天然气水合物试样均呈现出应变软化的现象。当天然气水合物体积含量为 20％、围压为 2.5 MPa 时,含冰粉天然气水合物试样同样呈现出应变软化的现象。如图 3.8 所示,当天然气水合物体积含量为 20％,围压为 2.5 MPa、5 MPa、10 MPa 以及天然气水合物体积含量为 30％,围压为 2.5 MPa、5 MPa、10 MPa 时,含冰粉天然气水合物试样均呈现出应变硬化的现象。这说明围压和天然气水合物体积含量会影响含冰粉天然气水合物试样的变形特性,即随着天然气水合物体积含量、围压的增加,含冰粉天然气水合物试样应变硬化现象越明显。如第 2 章所述,这是由于围压限制了材料的变形,阻碍了微裂纹的发展以及颗粒之间的相对滑动、滚动等现象,增加了颗粒之间的咬合力和摩擦阻力。相关研究表明,在微裂纹发展的初始阶段,材料的应力应变曲线包含一定的线性成分,而当微裂纹发展到一定阶段时,材料的应力应变曲线将呈现出非线性成分,且应力应变曲线的斜率随着围压的增大逐渐减小[143]。Miyazaki 等[21]认为,随着天然气水合物饱和度(水合物体积含量)的增加,天然气水合物沉积物试样的软化现象更明显。Hyodo 等[34]的实验结果并未出现明显的应变软化现象,但是天然气水合物饱和度同样会引起试样应变硬化现象。二者的区别主要是由于天然气水合物沉积物试样的孔隙度及实验条件的不同造成的。而在本研究中,含冰粉天然气水合物试样随着天然气水合物体积含量的增加呈现出更明显的应变硬化现象,与文献中的现象有所区

别,这主要是由于冰粉与土颗粒之间的性质差异造成的,影响了颗
粒之间的相对运动及孔隙填充效应。

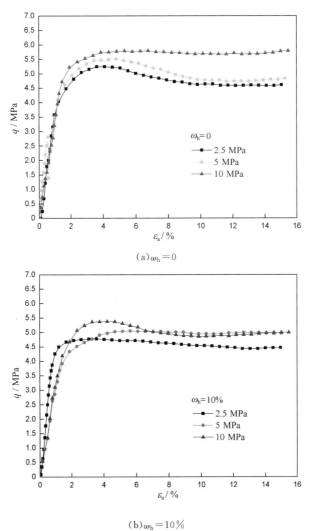

(a)$\omega_h = 0$

(b)$\omega_h = 10\%$

图 3.7　不同天然气水合物体积含量的含冰粉天然气水合物试样
在低围压条件下的应力应变曲线(0 和 10%)

Fig. 3. 7　Stress-strain curves of methane hydrate specimens containing ice with different
methane hydrate volume contents under low confining pressure(0 and 10%)

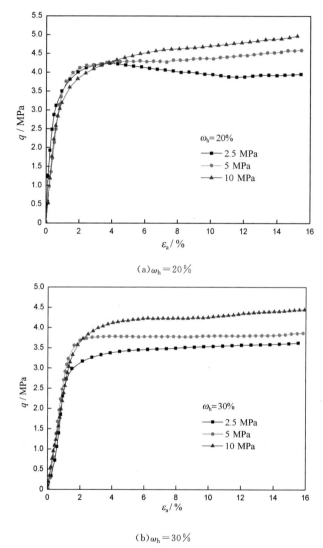

（a）$\omega_h = 20\%$

（b）$\omega_h = 30\%$

图 3.8　不同天然气水合物体积含量的含冰粉天然气水合物试样
在低围压条件下的应力应变曲线（20％和30％）

Fig. 3.8　Stress-strain curves of methane hydrate specimens containing ice with different
methane hydrate volume contents under low confining pressure(20％ and 30％)

### 3.2.2　围压影响

图 3.9 所示为不同温度条件下围压对含冰粉天然气水合物试样破坏强度的影响。从该图中可以看到,围压对含冰粉天然气水合物试样破坏强度的影响是非线性的。当围压小于 10 MPa 时,其破坏强度随着围压的增大而增大,而随着围压的进一步增大,其破坏强度呈现出减小的趋势。这与第 2 章中介绍的围压对天然气水合物沉积物试样破坏强度的影响规律是相同的,但是含冰粉天然气水合物试样在更高的围压下才开始出现强度降低的现象。如第 2 章所述,这是由于围压限制了微裂纹的扩展,增大了颗粒之间的摩擦阻力和咬合力,表现为强度增加。当围压大于 10 MPa 时,部分颗粒会发生破碎,且发生了冰的压融现象,最终导致试样破坏强度的降低[96,98]。当围压大于 15 MPa 时,围压对微裂纹的限制作用与颗粒破碎/冰压融作用相互抵消,表现为强度基本保持不变。

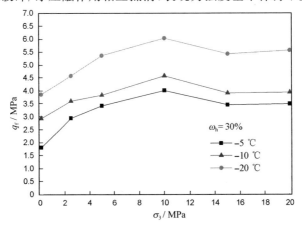

图 3.9　不同温度条件下围压对含冰粉天然气水合物试样破坏强度的影响

Fig. 3.9　Effects of confining pressure on the failure strength of methane hydrate specimens containing ice under different temperatures

界面应力集中现象强烈地依赖于主体材料与客体材料之间的弹性模量比以及客体材料的泊松比,且应力集中现象会导致应力在试样内部的不均匀分布(在部分颗粒接触点可能出现较高的压力)。由于冰和天然气水合物的性质类似,弹性模量接近,不容易发生应力集中现象。而在天然气水合物沉积物试样中,土颗粒接触点附近的冰粉在相同的围压和荷载条件下更容易发生压融现象(应力集中),且部分土颗粒发生了破碎(参见图 2.11),因此天然气水合物沉积物试样在较低的围压条件下便出现了破坏强度降低的现象(参见图 2.10)。Singh 等[144]对冰试样进行了一系列的三轴压缩实验,也获得了类似的实验结果,即冰试样的破坏强度随着围压的增大线性增大,而当围压大于 15 MPa 时,强度增大的速率逐渐减小。Jones 等[145]研究了围压对冰试样蠕变特性的影响,发现在一定荷载条件下,蠕变速率随着围压的增加先减小后增加,并在 15 MPa 左右出现最小值,同样说明冰试样的强度受围压的影响先增加后减小。

图 3.10 所示为不同天然气水合物体积含量(0、10%、20%、30%)条件下围压对含冰粉天然气水合物试样破坏强度的影响。由于实验围压相对较低(不大于 10 MPa),冰的压融现象不明显。从该图中可以发现,不同天然气水合物体积含量的试样的破坏强度均随着围压的增大而增大,且在一定范围内,二者的关系可用线性表示。此结果说明,天然气水合物体积含量的改变不影响试样对围压的依赖性。这是由于天然气水合物与冰的性质类似造成的。图 3.10 中虚线为线性拟合的结果,发现计算得到的含冰粉天然气水合物试样的破坏强度与实验值比较吻合。

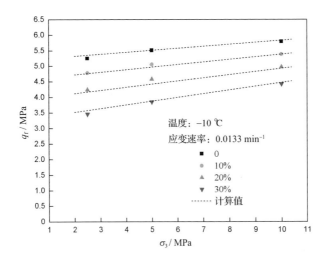

图 3.10　不同天然气水合物体积含量条件下围压对含冰粉天然气

水合物试样破坏强度的影响

Fig. 3.10　Effects of confining pressure on the failure strength of methane hydrate

specimens containing ice under different methane hydrate volume contents

### 3.2.3　水合物体积含量影响

图 3.11 所示为不同围压(2.5 MPa、5 MPa、10 MPa)条件下天
然气水合物体积含量对含冰粉天然气水合物试样破坏强度的影
响。从该图中可以看到,随着天然气水合物体积含量的增加,含冰
粉天然气水合物试样的破坏强度反而下降。这与 Miyazaki 等[21]、
Hyodo 等[29, 34]在天然气水合物丰浦砂试样中得到的结论不同,他
们认为,随着天然气水合物饱和度(体积含量)的增加,天然气水合
物沉积物试样的强度也随着增大。这是由于天然气水合物的存在
改变了冰颗粒之间原本的胶结状态,且冰颗粒之间的黏聚力可能
大于冰与水合物颗粒之间的黏聚力。从图 3.11 中可以看到,当天

然气水合物体积含量为 0、围压从 2.5 MPa 增加到 10 MPa 时,试样的破坏强度从 5.25 MPa 增加到 5.79 MPa,增量为 0.54 MPa。而当天然气水合物体积含量为 10%、20% 和 30% 时,试样的破坏强度增量分别为 0.60 MPa、0.73 MPa 和 0.96 MPa。说明在较高的天然气水合物体积含量条件下,围压对含冰粉天然气水合物试样破坏强度的影响更大。

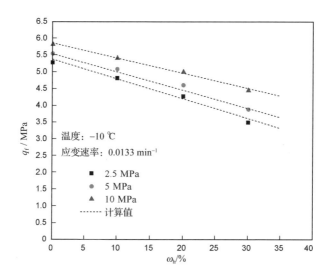

图 3.11　不同围压条件下天然气水合物体积含量对含冰粉天然气
水合物试样破坏强度的影响

Fig 3.11　Effects of methane hydrate volume content on the failure strength of
methane hydrate specimens containing ice under different confining pressures

### 3.2.4　含冰粉天然气水合物破坏强度

如图 3.9 所示,围压对含冰粉天然气水合物试样破坏强度的影响是非线性的。此时,线性强度准则,包括摩尔-库仑强度准则

(Mohr-Coulomb criterion)、Drucker-Prager 准则[110]以及 Von Mises-Botkin 准则[111]等将不再适用。Ma 等[100]提出了抛物线模型来描述围压对冻土试样破坏强度的影响,但是同样不能很好地描述围压对含冰粉天然气水合物试样的影响。根据实验数据,并借鉴第 2 章提出的天然气水合物沉积物分段线性强度准则,可以将含冰粉天然气水合物试样破坏强度分别在低围压和高围压条件下进行双线性拟合,如下所示:

当围压 $\sigma_3 \leqslant 10$ MPa 时,

$$q_f(T_i) = a_i + b_i \sigma_3 \qquad (3.1)$$

当围压 $\sigma_3 > 10$ MPa 时,

$$q_f(T_i) = c_i + d_i \sigma_3 \qquad (3.2)$$

式中,$q_f(T_i)$ 为当温度为 $T_i$ 时含冰粉天然气水合物试样的破坏强度;$\sigma_3$ 为围压;$a_i$、$b_i$、$c_i$ 和 $d_i$ 为当温度为 $T_i$ 时的拟合系数;$R_{1i}^2$ 和 $R_{2i}^2$ 分别为式(3.1)和式(3.2)的决定系数。具体参数见表 3.2。计算得到的含冰粉天然气水合物试样破坏强度拟合结果与实验结果的对比如图 3.12 所示。

表 3.2　不同温度条件下式(3.1)和式(3.2)的拟合参数

Tab. 3.2 Fitting parameters of Eqs. (3.1)～Eqs. (3.2) under different temperatures

| $T_i/℃$ | $a_i$ | $b_i$ | $R_{1i}^2$ | $c_i$ | $d_i$ | $R_{2i}^2$ |
|---|---|---|---|---|---|---|
| −5 | 2.138 | 0.208 | 0.824 | 4.44 | −0.052 | 0.385 |
| −10 | 3.052 | 0.157 | 0.950 | 5.095 | −0.063 | 0.429 |
| −20 | 4.008 | 0.217 | 0.931 | 6.385 | −0.047 | 0.082 |

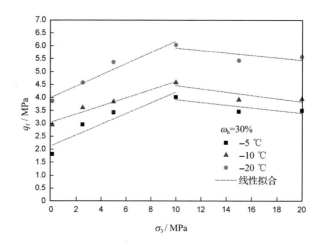

图 3.12　含冰粉天然气水合物试样破坏强度拟合结果与实验结果的对比

Fig. 3.12　Comparison of the fitted results with the experimental results for

methane hydrate specimens containing ice

## 3.3　含冰粉天然气水合物强度准则

如图 3.10 所示,当围压不大于 10 MPa 时,不同天然气水合物体积含量条件下的含冰粉天然气水合物试样破坏强度随着围压的增大线性增大。此时,摩尔-库仑强度准则适用于含冰粉天然气水合物试样。对于传统的三轴实验,有 $\sigma_1 > \sigma_2 = \sigma_3$,且摩尔-库仑强度准则可表示为

$$\sigma_1 = A\sigma_3 + B \qquad (3.3)$$

式中,$A = \dfrac{1+\sin\varphi}{1-\sin\varphi}$;$B = \dfrac{2c\cos\varphi}{1-\sin\varphi}$;$\sigma_1$ 为材料破坏时的主应力;$\sigma_3$ 为围压;$c$ 为黏聚力;$\varphi$ 为内摩擦角。

$c$ 和 $\varphi$ 的值可以通过摩尔-库仑强度准则获得,如图 3.13 和图

3.14 所示。将获得的 $c$、$\varphi$ 值代人到 $A = \dfrac{1+\sin\varphi}{1-\sin\varphi}$ 和 $B = \dfrac{2c\cos\varphi}{1-\sin\varphi}$，得到不同天然气水合物体积含量条件下含冰粉天然气水合物试样的摩尔-库仑强度准则实验参数，见表 3.3。

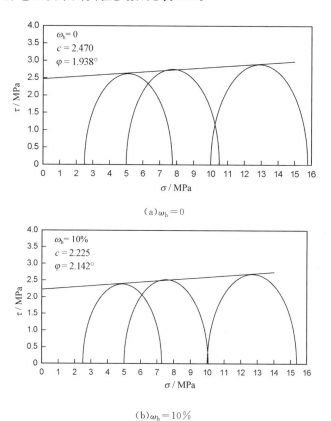

（a）$\omega_{\mathrm{h}} = 0$

（b）$\omega_{\mathrm{h}} = 10\%$

图 3.13　不同天然气水合物体积含量(0 和 10%)条件下

含冰粉天然气水合物试样的强度包络线

Fig. 3.13　The strength envelopes of methane hydrate specimens containing ice

with various methane hydrate volume contents(0 and 10%)

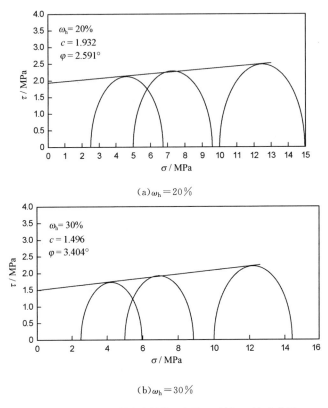

(a)$\omega_h = 20\%$

(b)$\omega_h = 30\%$

图 3.14　不同天然气水合物体积含量(20％和30％)条件下

含冰粉天然气水合物试样的强度包络线

Fig. 3.14　The strength envelopes of methane hydrate specimens containing ice

with various methane hydrate volume contents(20％ and 30％)

表 3.3　不同天然气水合物体积含量条件下含冰粉天然气

水合物试样的摩尔-库仑强度准则实验参数

Tab. 3. 3　Experiment parameters obtained by Mohr-Coulomb criterion for methane

hydrate specimens containing ice with various methane hydrate volume contents

| 水合物体积含量 $\omega_h$/% | $A$ | $B$/MPa | $c$/MPa | $\varphi$/(°) |
|---|---|---|---|---|
| 0 | 1.070 | 5.110 | 2.47 | 1.938 |
| 10 | 1.078 | 4.620 | 2.225 | 2.142 |
| 20 | 1.095 | 4.043 | 1.932 | 2.591 |
| 30 | 1.126 | 3.175 | 1.496 | 3.404 |

根据表 3.3 的结果，可以得到参数 $A$、$B$ 与天然气水合物体积
含量的关系式为

$$A = 1.0642 + 0.1857\omega_h \tag{3.4}$$

$$B = 5.194 - 6.38\omega_h \tag{3.5}$$

式中，$\omega_h$ 为天然气水合物体积含量，决定系数 $R_A^2 = 0.8843$，$R_B^2 = 0.9727$。

根据式（3.3），可以得到

$$(\sigma_1 - \sigma_3)_{max} = (A-1)\sigma_3 + B \tag{3.6}$$

将式（3.4）和式（3.5）代入到式（3.6）中，可以获得含冰粉天然
气水合物试样在低围压条件下破坏强度与围压 $\sigma_3$ 以及天然气水合
物体积含量 $\omega_h$ 的关系式为

$$(\sigma_1 - \sigma_3)_{max} = 5.194 - 6.38\omega_h + 0.0642\sigma_3 + 0.1857\omega_h\sigma_3 \tag{3.7}$$

根据式（3.7），将计算的强度值与实验数据进行比较，发现二

者吻合较好(参见图 3.10 和图 3.11)。式(3.7)在一定条件下可以反映含冰粉天然气水合物试样的破坏强度。

剪切应力是材料抵抗破坏和材料内部任一截面发生相对滑动的内部阻力,当破坏截面上的剪切应力达到一定值时,材料就会破坏。而这个值可以通过材料的强度包络线获得为

$$\tau = c + \sigma \tan\varphi \tag{3.8}$$

式中,$\tau$ 为破坏时的剪切应力;$\sigma$ 为破坏截面的正应力。

根据表 3.3 的结果,可以得到黏聚力 $c$、内摩擦角 $\varphi$ 与天然气水合物体积含量 $\omega_h$ 的关系式为

$$c = 2.513 - 3.215\omega_h \tag{3.9}$$

$$\tan\varphi = 0.0313 + 0.0848\omega_h \tag{3.10}$$

式中,决定系数 $R_c^2 = 0.9818$,$R_{\tan\varphi}^2 = 0.9262$。

将式(3.9)和式(3.10)代入到式(3.8)中,可以得到含冰粉天然气水合物试样的强度包络线表达式为

$$\tau = 2.513 - 3.215\omega_h + 0.0313\sigma + 0.0848\omega_h\sigma \tag{3.11}$$

图 3.15 所示为含冰粉天然气水合物试样的摩尔圆与计算得到的强度包络线。其中,天然气水合物体积含量分别为 0、10%、20% 及 30%,温度为 -10 ℃。从该图中可以发现,当围压不大于 10 MPa 时,修正的摩尔-库仑强度准则对含冰粉天然气水合物仍旧是适用的。本书第 2 章中的研究表明,修正的摩尔-库仑强度准则只适用于围压不大于 5 MPa 时的天然气水合物沉积物。因此,在天然气水合物开采过程当中,应该考虑实际储层天然气水合物的赋存状态,在不同区域采用相应的强度准则,进而为天然气水合物

开采的工程设计和施工提供参考。

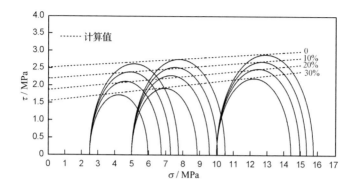

图 3.15　含冰粉天然气水合物试样的摩尔圆与计算得到的强度包络线

Fig. 3.15　Mohr circles and calculated envelope strength curves for

methane hydrate specimens containing ice

# 第4章　天然气水合物分解对海底沉积物力学特性影响研究

　　在海上开采天然气水合物矿藏比在冻土区开采天然气水合物矿藏更难实现,技术难度更高。但是海洋天然气水合物储量巨大,吸引着世界各国政府投入巨资对海底天然气水合物矿藏的物理、化学、力学特性进行深入的研究。

　　在力学特性研究方面,研究者已经比较系统地研究了水合物饱和度、温度、有效围压等对海底天然气水合物沉积物力学特性的影响[21, 29, 34, 55, 58, 67, 68]。天然气水合物开采的基本思路是通过人为地改变储层的温度、压力等条件,促使沉积层中的水合物分解,然后将分解的甲烷气体收集至地面并加以利用。现阶段提出的开采方法主要有:①注热开采法;②降压开采法;③注入化学试剂开采法;④ 新型开采方法,包括 $CO_2$ 置换开采法、固体开采法等[146-150]。考虑各种水合物开采方法的经济性、可行性、实现的难易程度以及涉及的相关环境问题,注热开采法、降压开采法以及注热-降压联合开采法是目前最受推崇的开采方法。另外,由于气候变化问题越来越受关注，各国政府面临着 $CO_2$ 减排的压力，$CO_2$ 置换开采法作为一种潜在的封存 $CO_2$ 的途径也被越来越多的科学家所关注。因此，本书主要介绍注热开采法、降压开采法及 $CO_2$ 置换开采法（详见第 6 章）对海底天然气水合物沉积物力学特性的影响。

Kimoto 等[151]建立了化学-热-力耦合的数值模拟方法来预测注热开采、降压开采过程中天然气水合物地层的变形，但是其研究成果缺乏实验数据的对比验证。Aoki 等[65]研究了降压分解对天然气水合物地层压密特性的影响，得到了孔隙压力、温度等参数与地层竖向变形之间的关系。Rutqvist 等[27]通过数值模拟方法分析了降压开采过程中冻土区天然气水合物沉积层的地质响应。他们指出，降压开采会导致储层剪切应力的增加，造成储层的竖向变形，并可能引起储层的剪切破坏。Lee 等[152]研究了四氢呋喃水合物沉积物在生成与分解过程中的体积变化规律，认为水合物的分解会造成沉积物一定程度的压密。这些成果对认识天然气水合物分解过程中地层的变形特性、储层的稳定性及沉降量等具有重要意义。然而，由于天然气水合物对温度、压力变化的敏感性，天然气水合物开采是一个极其复杂的过程，涉及化学、物理、热力学、流体力学及力学等相关的内容。在天然气水合物开采过程中可能引发海底滑坡、海啸等自然灾害，释放的甲烷气体对全球气候变化也有重要影响[28]。因此，要实现天然气水合物矿藏的商业化开采，需要进一步研究水合物分解过程中天然气水合物储层的力学特性。

本章主要介绍了注热开采、降压开采过程中天然气水合物沉积物的力学特性及其影响因素，并介绍了相关的实验装置、材料与方法。

# 4.1 实验装置、材料与方法

### 4.1.1 实验装置

本实验所使用的是山口大学自行研制并搭建的温控、高压水合物三轴仪,其实物图和示意图如图 1.9 所示。下面详细地介绍各个部件的功能及参数。

(1)试样

试样为圆柱形,尺寸分 $\phi30mm\times60$ mm 和 $\phi50$ mm$\times100$ mm 两种。可以进行天然气水合物岩芯的力学特性实验与分析,同时可以通过温度、孔隙压力、围压的控制,模拟天然气水合物储层的原位环境,实现天然气水合物的原位生成与分解。

(2)底座

底座与试样之间采用快速接头式的连接方式,可以实现试样的快速安装。在进行天然气水合物岩芯实验时,可以减少安装过程中对天然气水合物岩芯的扰动(水合物分解等),获得与原位条件更接近的实验数据。

(3)压力室

压力室壁采用双层设计,来自恒温槽的流体可以在此空间内循环,进而控制压力室内流体的温度。压力室与恒温槽相连,预先冷却的流体可以直接注入压力室,减少试样达到并维持预定温度时循环流体与压力室内流体的热交换时间。此压力室能够承受最大 30 MPa 的压力。

（4）内压力室

在测量天然气水合物岩芯试样、非饱和天然气水合物沉积物试样或者天然气水合物分解过程中试样的体积应变时，由于孔隙气体的存在，常规的通过测量孔隙水的变化量计算试样的体积应变并不适用。此时可以通过测量内压力室内流体体积的变化量计算试样的体积应变，图 4.1 所示为试样体积应变测量的示意图。另外，此装置（参见图 1.9）采用双层压力室结构设计，在实验过程中内压力室壁两侧的压力始终保持平衡，即使在很高的压力下内压力室缸体也不会变形，可以获得较高的试样体积应变测量精度。

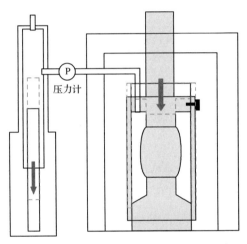

图 4.1　试样体积应变测量的示意图

Fig. 4.1　Schematic diagram for measuring volumetric strain

（5）压力维持装置

此装置与压力室连接，提供实验过程中所需的围压（有效应力），能够提供最大 30 MPa 的压力，精度为±0.1 MPa。

（6）与内压力室连接的柱塞泵

此装置通过步进电动机维持内压力室的压力（最大 30 MPa），

并能够测量试样分解或剪切过程中内压力室内流体的体积变化量。

（7）上、下柱塞泵

在常规三轴实验中，一般通过增大围压来模拟地层的应力状态，而不考虑孔隙压力的变化。然而天然气水合物一般赋存在大陆边缘的海底，孔隙水压力较大，且孔隙压力对水合物的生成与分解有较大的影响，在三轴实验过程中必须考虑孔隙压力的影响。上、下柱塞泵分别与试样顶部、底部连接，能够提供天然气水合物生成或分解需要的压力（最大 20 MPa，精度 $\pm0.5$ MPa）。试样的水饱和过程也可通过上、下柱塞泵来实现。另外，饱和试样在剪切过程中的体积应变也可通过测量上、下柱塞泵内流体的体积变化（孔隙水变化量）来得到。

（8）甲烷气体

提供生成天然气水合物的气源。

（9）恒温槽

此装置将一定温度的流体注入压力室中，并通过在压力室壁的中空部分循环一定温度的流体，进而控制和维持压力室的温度（温度范围 $-35\sim+50$ ℃，精度 $\pm0.1$ ℃）。由于天然气水合物实验时间一般较长，在经过足够长时间的热交换之后，压力室温度可以代表天然气水合物试样温度。

（10）水槽

补充柱塞泵维持孔隙水压力或试样饱和过程中需要的水。

（11）热电偶

热电偶放置在试样附近，用于测量试样的温度。由于天然气水合物实验时间一般较长（大于 24 h），在进行充分的热交换之后，可以认为此时热电偶的温度为试样温度。

(12)加载单元

当压力较高时,活塞与压力室之间会存在较大的摩擦。为了减少摩擦的影响,将加载单元设置在压力室内部。另外,此装置不受温度和压力的影响。加载单元能够提供最大 200 kN 的荷载,精度为全量程的 $\pm 0.1\%$ F.S。

(13)橡皮膜

由于实验一般在较低的温度和较高的压力下进行,甲烷气体可能渗透穿过橡皮膜,对实验精度造成一定影响。因此本研究采用丁基橡胶膜代替常规三轴实验中通常采用的乳胶膜进行相关实验,取得了较好的效果。

(14)气体流量计

气体流量计与试样顶部连接,当实验结束时,通过测量分解的甲烷气体量可以计算得到试样的水合物饱和度。此流量计的测量范围为 $0\sim500$ mL/min。

(15)位移传感器

用于测量试样剪切过程中的位移并计算应变量。

(16)压力计

用于测量实验过程中的压力室压力、内压力室压力及孔隙压力等。

实验过程中,轴向荷载、轴向位移、围压、试样体积应变以及孔隙压力等参数都与数据采集系统相连接,相关实验数据会自动采集并在电脑上显示。

### 4.1.2　实验材料

天然气水合物岩芯样品获取难度较大,且在开采与运输过程中试样存在扰动(温度、压力以及地层应力的变化),获得的实验数据在一定程度上也不能真实反映原位条件下的储层状况。因此,在实验室条件下合成天然气水合物沉积物样品是比较可行的方式。根据日本南海海槽天然气水合物岩芯样品的粒径分析[153,154],本实验采用丰浦砂作为海底天然气水合物沉积物的基质材料。天然气水合物的生成与分解均在丰浦砂的孔隙中进行。图 4.2 所示为天然气水合物岩芯与丰浦砂的粒径分布,通过比较可以发现二者具有接近的粒径分布曲线,也说明采用丰浦砂模拟海底沉积物基质材料的合理性。

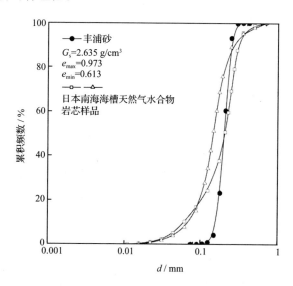

图 4.2　天然气水合物岩芯及丰浦砂的粒径分布

Fig. 4.2　Grain size distribution of natural hydrate cores and Toyoura sand

### 4.1.3　实验方法与步骤

首先,根据事先计算的水合物饱和度和试样密度将一定质量的水与丰浦砂充分混合均匀。然后将其放入模具($\phi$30 mm×60 mm)中,并分 15 层击实,每层击打 40 次。另外,考虑试样在击实过程中会有部分水分蒸发,在混合丰浦砂与水时额外增加 0.14 g 水。为了保证实验过程中试样不坍塌,将模具放入冰箱中冷冻(−20 ℃),同时使用玻璃纸将模具密封,防止水分蒸发散失。最后将冷冻的试样取出,包裹丁基橡胶膜,按要求放置在温控、高压水合物三轴仪底座上。

实验过程中,对于等压固结试样,天然气水合物在试样固结之前生成。首先,将甲烷气体注入冻结试样孔隙中,且气体压力逐渐增大到 4 MPa。与此同时,围压以与孔隙气体压力同样的速率逐渐增大,并且一直保持高于孔隙压力 0.2 MPa,最终维持在 4.2 MPa稳定。然后将温度升高至 1 ℃并维持稳定,使冻结试样中的冰融化,使其与甲烷气体充分反应生成天然气水合物,整个反应过程将持续 24 h。当上、下柱塞泵中的甲烷气体体积没有明显的变化时,表明试样中的孔隙水已经与甲烷气体充分反应。由于孔隙压力在甲烷气体注入过程中缓慢地增大,且整个过程持续很长的时间,因此这个过程不会造成试样中孔隙水的不均匀分布。在水合物生成之后,通过上、下柱塞泵对试样进行水饱和,用纯水驱替残留在孔隙中的甲烷气体。接着设定孔隙压力、围压、温度等参数,将试样等压固结至预定的有效应力条件。最后进行分解或者剪切实验。

对于 $K_0$ 固结试样,天然气水合物在试样固结之后生成。首先,将甲烷气体注入试样孔隙中并保持 4 MPa 稳定。与此同时,轴向有效应力逐渐增大到 5 MPa,并保持静止侧压力系数 $K_0=0.4$(有效围压从 0 MPa 逐渐增大到 2 MPa)。然后调整温度到1 ℃并维持 24 h(此时孔隙压力为 4 MPa,围压为 6 MPa),孔隙水与甲烷气体充分反应生成天然气水合物。当天然气水合物完全生成时,对试样进行水饱和(与等压固结试样相同),最后进行天然气水合物分解或剪切实验。

### 4.1.4　实验内容

表4.1和表4.2为相关实验条件。其中,备注为具体的实验内容及过程;$D.R.$ 为降压速率;$R.R.$ 为水压回复速率;S 代表丰浦砂试样;M 代表水合物试样;T 代表注热分解实验;D 代表降压分解实验。实验过程中剪切速率为 $0.001\ \mathrm{min}^{-1}$。

**表 4.1　　　　　　　　三轴剪切实验条件**

Tab. 4.1　　　　　　Conditions of triaxial shear tests

| 实验条件及参数 | | | | | | 实验名称 | 备注 |
|---|---|---|---|---|---|---|---|
| 固结条件 | 温度 /℃ | 孔隙压力 /MPa | 有效围压 /MPa | 饱和度 /% | 孔隙度 /% | | |
| 等压固结 | 5 | 5 | 3 | 0 | 39.4 | S-c3-01 | 剪切 |
| | | | 5 | 0 | 39.4 | S-c5-01 | 剪切 |
| $K_0=0.4$ | 5 | 10 | 2 | 0 | 39.7 | S-K0-01 | 剪切 |
| | | | | 51.1 | 39.3 | M-K0-01 | 剪切 |
| | 20 | 10→3 $D.R.$ (0.1 MPa/min) | 2→9 | 0 | 39.5 | S-K0-02 | 降压 |

表 4.2　　天然气水合物分解实验条件
Tab. 4.2　　Experiment conditions of methane hydrate dissociation

| 开采方法 | 固结条件 | 实验条件及参数 | | | 饱和度/% | 孔隙度/% | 实验名称 | 备注 |
|---|---|---|---|---|---|---|---|---|
| | | 温度/℃ | 孔隙压力/MPa | 有效围压/MPa | | | | |
| 注热分解 | 等压固结 | 5→20 | 10 | 3 | 37.6 | 39.4 | T-c3-01 | 分解→剪切 |
| | | | | 5 | 48.7 | 40.4 | T-c5-01 | 分解→剪切 |
| | | | | | 47.4 | 39.9 | T-c5-02 | 剪切1%→分解→剪切 |
| | | | | | 47.9 | 39.8 | T-c5-03 | 剪切5%→分解 |
| | $K_0=0.4$ | 5→15 | 10 | 2 | 50.0 | 39.6 | T-K0-01 | 剪切0.5%→分解 |
| 降压分解 | 等压固结 | 5 | 10→3.5→10<br>D.R.(0.5 MPa/min)<br>R.R.(0.1 MPa/min) | 5→11.5→5 | 31.5 | 40.1 | D-c5-01 | 分解→水压回复 |
| | | | | | 43.2 | 39.9 | D-c5-02 | 剪切1%→分解→水压回复 |
| | | | | | 38.2 | 39.9 | D-c5-03 | 剪切5%→分解→水压回复 |
| | $K_0=0.4$ | 5 | 10→3.5<br>D.R.(0.1 MPa/min) | 2→8.5 | 51.9 | 39.9 | D-K0-01 | 分解→剪切 |
| | | | 10→3.5→10<br>D.R.(0.5 MPa/min)<br>R.R.(0.1 MPa/min) | 2→8.5→2 | 51.2 | 39.9 | D-K0-02 | 剪切0.5%→分解→剪切 |
| | | | | | 43.9 | 39.9 | D-K0-03 | 剪切1%→分解→剪切 |
| | | | | | 50.1 | 39.9 | D-K0-04 | 分解→水压回复→剪切 |
| | | | 10→2.0<br>D.R.(0.5 MPa/min) | 2→10 | 50.3 | 39.9 | D-K0-05 | 剪切0.5%→分解→水压回复 |
| | | | | | 52.6 | 39.9 | D-K0-06 | 剪切1%→分解→水压回复 |
| | | | | | 50.0 | 40.1 | D-K0-07 | 剪切0.5%→分解→水压回复 |

# 4.2 注热分解对海底天然气水合物
# 沉积物力学特性影响

注热开采法是指在一定压力条件下,通过注入蒸汽、热水、热盐水等热流体,或通过电磁加热等方法对天然气水合物储层进行加热,使天然气水合物储层的温度增加到水合物稳定存在的平衡温度之上,进而促使天然气水合物分解为水与甲烷气体,并将分解产生的甲烷气体采集至地面、收集、利用的一种方法[148,155-159]。在实际开采过程中,首先钻井到天然气水合物储层,通过在井内循环热流体(热水或蒸汽)使储层升温,促使天然气水合物分解。分解产生的天然气与热水或蒸汽混合,返回到地面后分离、收集。在本研究中,通过循环流体改变压力室内流体的温度进而控制试样的温度,使试样内天然气水合物逐渐分解。分解产生的甲烷气体和孔隙水混合,并通过管道排到与试样相连接的上、下柱塞泵中。实验结束后,通过收集分解产生的甲烷气体可以计算试样初始水合物饱和度。此实验过程可较好地模拟实际开采情况,获得的实验数据对研究注热法开采天然气水合物矿藏具有很大的参考价值。

### 4.2.1 注热分解对等压固结试样力学特性的影响

图 4.3 所示为分解后的天然气水合物沉积物试样(T-c3-01、T-c5-01)和丰浦砂试样(S-c3-01、S-c5-01)在有效围压为 3 MPa 和 5 MPa 时的轴向偏应力、轴向应变以及体积应变之间的关系。图中所有试样均为等压固结试样,通过加热法使天然气水合物沉积物试样中的水合物分解。剪切过程中,试样排水,应变速率

为 $0.001\ \mathrm{min}^{-1}$。

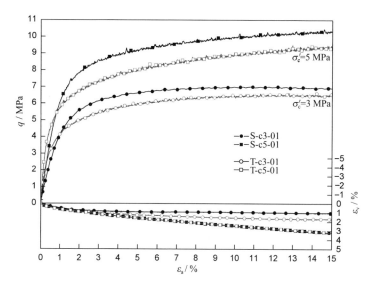

图 4.3　分解后的天然气水合物沉积物试样与丰浦砂试样的应力应变曲线及体积应变曲线

Fig. 4.3　Stress-strain and volumetric strain curves of methane hydrate-bearing

specimens after dissociation and Toyoura sand specimens

从图 4.3 中可以看出,在两种有效围压条件下,丰浦砂试样的强度均高于分解后天然气水合物沉积物试样的强度。这是由于试样的渗透率较低,分解产生的甲烷气体不能轻易地从孔隙中排出[160,161],导致孔隙压力增大和有效围压降低,从而降低了试样的强度[21,34]。另外,由于天然气水合物与水的密度差异,在水合物分解转换成水的同时,试样的孔隙度会有一定程度的增大,也有可能造成试样强度的降低。然而,丰浦砂试样的初始刚度和体积应变小于分解后天然气水合物沉积物试样的初始刚度和体积应变,而且体积应变的差异随着有效围压的增大而减小。如图 4.3 所示,当有效围压等于 5 MPa 时,二者的体积应变曲线基本重合。这是由于在水合物分解过程中,土颗粒会重新排列,较小的颗粒会随着气流或水流从孔隙中进入到孔隙喉道或者颗粒之间的交界处,这可能导致材料刚度的增大[162]。另外,由于孔隙气体的可压缩性,非饱和试样(分解后试样)更容易被压缩,因此表现出更明显的剪缩现象。

图 4.4 所示为等压固结天然气水合物沉积物试样分别在轴向应变 0、1% 和 5% 处注热分解过程中轴向偏应力、轴向应变以及体积应变之间的关系,实验过程中孔隙压力为 10 MPa,有效围压为5 MPa。图中,对于 T-c5-02 试样,首先将其剪切到轴向应变 1%,然后在 8.4 MPa 轴向荷载下注热分解,当水合物分解完全时,继续剪切到轴向应变 20%。对于 T-c5-03 试样,首先将其剪切至轴向应变 5%,然后在 12 MPa 轴向荷载下注热分解。

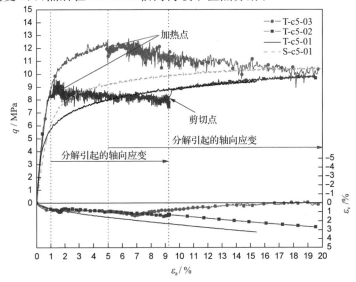

图 4.4　等压固结天然气水合物沉积物试样在注热分解过程中的变形特性
Fig. 4.4　Deformation behaviors of isotropic consolidated methane hydrate-bearing specimens dissociated by thermal recovery method

从图 4.4 中可以看出,天然气水合物沉积物试样在无荷载的情况下,天然气水合物分解并不会造成试样明显的变形。当试样在轴向应变 1％处注热分解时,轴向应变在荷载的作用下逐渐增加到 9.2％并保持不变,由天然气水合物分解引起的轴向应变为8.2％。通过比较可以发现,此时试样承受的荷载(8.4 MPa)小于分解后天然气水合物沉积物试样的强度(T-c5-01,9.5 MPa),所以试样并未发生破坏。当继续对试样进行剪切时,此时试样的应力应变曲线与分解后的天然气水合物沉积物试样重合,说明水合物分解时的应力状态对分解后天然气水合物沉积物的最终强度影响不大。当试样在轴向应变 5％处注热分解时,由于试样承受的荷载(12 MPa)大于分解后天然气水合物沉积物试样的强度(T-c5-01,9.5 MPa),导致试样被破坏,轴向应变在达到 20％之后仍有继续增大的趋势。体积应变曲线在分解的后半段呈现出减小的趋势,这是由于天然气水合物的存在堵塞了沉积物中的孔隙喉道,导致分解产生的甲烷气体不能及时地排出,甲烷气体的膨胀导致试样体积也出现膨胀的趋势。

在图 4.5 中可以看到,T-c5-03 试样在破坏时,试样中的水合物并未分解完全(残余饱和度为 25％)。但是随着天然气水合物的分解,试样在轴向应力和有效应力共同作用下,试样体积均呈现出被压缩的趋势。Hyodo 等[34]比较了水合物沉积物试样分解时的应力应变曲线与丰浦砂试样的应力应变曲线。他们指出,当天然气水合物沉积物试样承受的荷载高于丰浦砂试样的强度时,水合物分解会导致试样破坏。然而根据图 4.3 和图 4.4 所示结果,天然气水合物沉积物试样分解后的强度小于丰浦砂试样强度,且当试样承受荷载大于前者的强度时就会导致试样破坏。因此，在实际开采过程中，需要考虑分解后水合物沉积物试样强度与纯沉积物试样强度的区别。

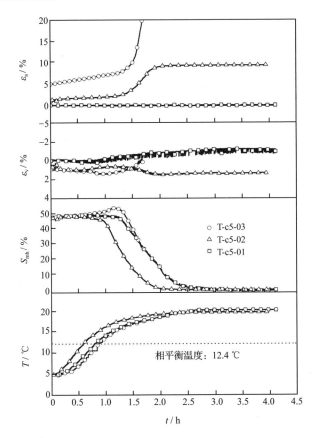

图 4.5　等压固结天然气水合物沉积物试样在注热分解过程中
轴向应变、体积应变、水合物饱和度以及温度随时间变化的规律

Fig. 4.5　Axial strain, volumetric strain, hydrate saturation and temperature variations
of isotropic consolidated methane hydrate-bearing specimens during heating

图 4.5 所示为等压固结天然气水合物沉积物试样在注热分解过程中轴向应变、体积应变、水合物饱和度以及温度随时间变化的规律。在实验过程中,压力室温度从 5 ℃ 逐渐增大到 20 ℃ 并维持稳定。从图 4.5 中可以看到,当温度达到相平衡温度(12.4 ℃)时,试样中水合物饱和度并没有立即变化,这是由于温度测量的滞后造成的,热电偶测量的是压力室内流体的温度,而试样温度需要通过一定时间的热交换才能达到热电偶显示的温度。随着温度的进一步升高以及压力室内流体与试样热交换的充分进行,天然气水合物逐渐分解,饱和度逐渐趋向于零。从图 4.5 中可以发现,当试样在无荷载条件下注热分解时,试样的轴向应变和体积应变并没有明显的变化。当试样在轴向应变 1% 处注热分解时,轴向应变有明显的增大现象,直到其达到 9.2% 并保持稳定,且试样体积应变呈现出剪缩的趋势。对于试样 T-c5-03,在水合物分解之前,轴向应变在荷载的作用下逐渐增大(蠕变);当水合物开始分解时,试样轴向应变迅速增大,试样发生破坏,并且在试样破坏时水合物尚未完全分解。在水合物分解过程中,由于在荷载作用下试样变形过快,轴向荷载伺服系统存在一定的滞后性,造成了试样承受的荷载逐渐降低的现象。

### 4.2.2　注热分解对 $K_0$ 固结试样力学特性的影响

图 4.6 所示为 $K_0$ 固结天然气水合物沉积物试样在注热分解过程中的变形特性。实验过程中,试样在应变 5% 处开始分解,孔隙压力为 10 MPa,有效围压为 2 MPa。$K_0$ 固结结束时的有效轴向应力为 5 MPa,与等压固结时的有效围压 5 MPa 相对应。实际上,

$K_0$ 固结能够更好地模拟储层原位的应力状态。在天然气水合物分解过程中,轴向荷载保持不变。图 4.6 中,S-K0-01 为纯丰浦砂试样,从其应力应变曲线中可以看到纯丰浦砂试样的轴向偏应力随着轴向应变的增大逐渐增大,且在轴向应变 3%~5%处达到峰值并趋于稳定。M-K0-01 为天然气水合物沉积物试样,从其应力应变曲线中可以看到其在剪切过程中呈现出轻微的应变软化现象,即轴向偏应力在应变 1%~3%处达到峰值,之后逐渐降低。同时可以发现,无论是纯丰浦砂试样还是天然气水合物沉积物试样,试样体积变形都呈现出明显的剪胀现象。对于试样 T-K0-01,首先将其剪切至轴向应变 0.5%,然后在 7 MPa 轴向荷载作用下注热分解。

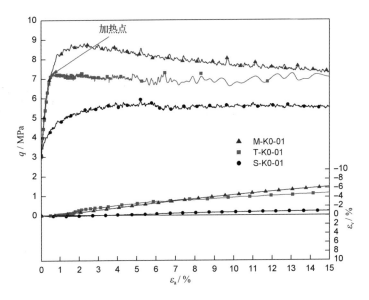

图 4.6　$K_0$ 固结天然气水合物沉积物试样在注热分解过程中的变形特性

Fig. 4.6　Deformation behaviors of $K_0$ consolidated methane hydrate-bearing

specimens dissociated by thermal recovery method

从图 4.6 中可以看到,$K_0$ 固结试样(T-K0-01)在剪切初始阶段(轴向应变不大于 0.5%)没有明显的体积变形,随着轴向应变逐渐增大,体积应变呈现出剪胀趋势。在剪切过程中,部分粒径较小的颗粒会填充孔隙,试样表现为剪缩。同时,也有部分颗粒在荷载作用下旋转并绕过邻近颗粒,使试样表现为剪胀。当颗粒的填充效应与翻转效应的影响相互抵消时,试样的体积变形较小。随着试样的进一步压缩(孔隙减小),颗粒的翻转效应开始占主导,因此试样呈现出剪胀特性。另外,由于分解的甲烷气体的膨胀效应,也会导致试样体积膨胀。从图 4.6 中可以发现,当试样在轴向应变 0.5% 处注热分解时,试样承受的荷载大于相同条件下丰浦砂试样的强度(S-K0-01),因此试样在水合物分解过程中趋向于破坏,并且随着分解的进行应变速率逐渐增大(图 4.7)。

从图 4.7 中可以看到,在温度低于相平衡温度(12.4 ℃)时,试样中天然气水合物尚未开始分解,试样承受的荷载小于其本身的强度,因此试样在此荷载作用下发生蠕变,并未发生破坏。轴向应变在 7 h 内从 0.5% 增大到 2.0%,体积应变从 0 变化到 -1.0%。随着温度的进一步升高,试样轴向应变随着水合物的分解逐渐增大,当水合物分解到一定程度(荷载大于当前水合物沉积物试样的强度)时,轴向应变迅速增大。实验过程中,由水合物分解造成的试样体积应变为 -4.0%。

通过比较图 4.4 和图 4.6,可以发现 $K_0$ 固结试样的破坏强度小于相同条件下等压固结试样的破坏强度,并且 $K_0$ 固结试样表现出更明显的剪胀现象。这主要是由于二者有效围压的不同造成的。在实验过程中,$K_0$ 固结试样承受的有效围压为 2 MPa,小于

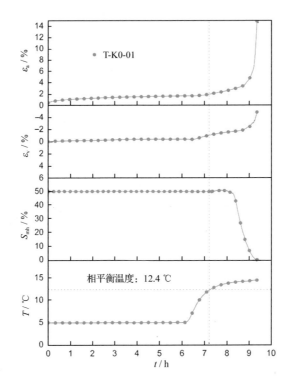

图 4.7 $K_0$ 固结天然气水合物沉积物试样在注热分解过程中轴向应变、

体积应变、水合物饱和度和温度随时间变化的规律

Fig. 4.7 Axial strain, volumetric strain, saturation and temperature variations

of $K_0$ consolidated methane hydrate-bearing specimens during heating

等压固结试样承受的有效围压(5 MPa)。由于更高的有效围压能够限制试样微裂隙的发展,增加颗粒之间的摩擦阻力,进而提高试样的强度。另外,更高的有效围压能够导致更多的土颗粒发生破碎现象,而破碎的土颗粒在试样变形过程中会填充孔隙,使试样表现为剪缩。

## 4.3　降压分解对海底天然气水合物沉积物力学特性影响

降压开采法是指在一定的温度条件下,通过降低天然气水合物储层孔隙压力促使水合物分解,进而采集甲烷气体的一种方法[163-165]。在实际开采过程中,可以采用低密度泥浆钻井达到降压目的;当储层下方存在游离气体或其他流体(天然气水合物储层一般作为油气藏的盖层存在)时,可以通过采集天然气水合物储层之下的游离气体或其他流体达到降低储层压力的目的。相对于其他开采方法(注热开采法、化学试剂法、$CO_2$ 置换法等),降压开采法耗能低,不需要连续激发,适合大面积开采,是传统水合物开采方法中最有应用前景的一种开采方法。2013 年 3 月,日本成功地实现了海底水合物矿藏的降压试开采,然而在开采过程中也遇到许多问题(黏土颗粒堵塞孔道、天然气水合物再生成以及冰的生成等),导致降压开采不能持续进行。天然气水合物开采是一个很复杂的过程,在真正实现商业化开采之前,需要进一步的研究。在本研究中,通过上、下柱塞泵控制试样孔隙压力,促使水合物分解,以此来模拟天然气水合物降压开采过程。分解过程中产生的孔隙气、孔隙水将排到上、下柱塞泵中并分离、收集。

### 4.3.1　降压分解对等压固结试样力学特性的影响

图 4.8 所示为等压固结天然气水合物沉积物试样在降压及水

压回复过程中轴向应变、体积应变、水合物饱和度及孔隙压力随时间变化的规律。对于试样 D-c5-01，首先将其在无荷载条件下降压分解，当天然气水合物完全分解时，将试样孔隙压力回复到初始值。对于试样 D-c5-02 和 D-c5-03，首先将其分别剪切至轴向应变 1％和 5％，然后分别在 8.4 MPa 和 12 MPa 轴向荷载条件下降压分解，最后当水合物完全分解时，将二者的孔隙压力回复到初始值。从图 4.8 中可以看到，在降压初始阶段，天然气水合物尚未开始分解，试样体积随着孔隙压力的降低线性减小，这是由于孔隙水的排出以及逐渐增大的有效应力增加了对试样的压缩造成的。当孔隙压力降低到 4.3 MPa 以下并保持恒定（孔隙压力保持 3.5 MPa 恒定，降压速率为 0.5 MPa/min）时，试样体积继续减小，并在水合物基本分解完全时保持稳定。这是由于水合物的分解破坏了颗粒之间的胶结结构，原本起支承作用的水合物转换成了孔隙气和孔隙水，土颗粒在较高的有效应力作用下进一步地被压缩，导致试样体积缩小。在整个降压分解过程中，轴向应变与体积应变逐渐增大并最终保持稳定。试样在逐渐增大的有效应力作用下变得越来越密实，其强度也会越来越大。此现象说明，降压过程虽然会导致水合物的分解，但是不会引起试样的破坏。在较大应变处降压分解的试样（D-c5-03），由于其承受的荷载更大，因此试样呈现出更明显的体积应变和轴向变形。当水合物分解完全时，将孔隙水压力回复到 10 MPa，回复速率为 0.1 MPa/min。此过程是为了模拟水合物开采之后孔隙水的回灌过程。从图 4.8 中可以发现，试样 D-c5-01

和 D-c5-02 在水压回复过程中轴向应变和体积应变并没有明显的变化,而试样 D-c5-03 在水压回复过程中发生了破坏。

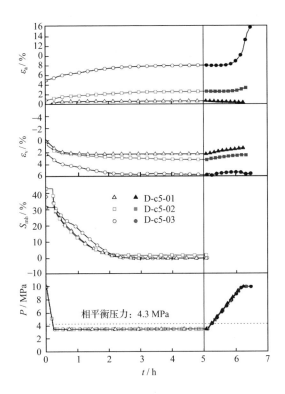

图 4.8　等压固结天然气水合物沉积物试样在降压及水压回复过程中轴向应变、
体积应变、水合物饱和度及孔隙压力随时间变化的规律

Fig. 4.8　Pore pressure, methane hydrate saturation, volumetric strain and axial strain
variations of isotropic consolidated methane hydrate-bearing specimens
during depressurization and water pressure recovery

图 4.9 和图 4.10 所示为天然气水合物沉积物试样在剪切、降压分解及水压回复过程中的轴向偏应力、体积应变、有效应力比及轴向应变之间的关系。从图 4.9 中可以看到,在无荷载作用时,降

压分解会对试样造成微小的轴向应变和体积变形。这是由于孔隙压力降低,有效围压逐渐增大,试样在有效围压的作用下逐渐被压缩造成的。另外,由于孔隙压力降低,原本起骨架支承作用的水合物逐渐分解,颗粒之间的胶结作用减弱,土颗粒在有效围压的作用下重新排列得更紧密。在水压回复过程中,试样体积变形和轴向应变出现了回弹现象(参见图4.9中小图)。这是由于上、下柱塞泵中的水重新进入试样孔隙造成的。由注热分解实验的结果可以知道,当试样在分解点承受的荷载大于丰浦砂试样的强度时,试样将发生破坏。而在降压分解过程中,试样有效围压会随着孔隙压力的降低而增大,试样强度也会有一定程度的增大。因此,试样在分解点承受的荷载并不能作为试样在降压分解过程中是否破坏的评判标准。此时,考虑有效围压的影响,有效应力比可以作为试样在降压分解过程中是否破坏的标准之一。从图4.9可以看到,试样 D-c5-02 的轴向应变随着降压分解的进行逐渐增大,但是当轴向应变增大到 2.8% 时保持不变,随着水压回复过程的进行,试样轴向应变逐渐增加到 3.6%。降压分解过程及水压回复过程都未造成试样的破坏。这是由于在降压分解过程中,试样的有效应力比远远地小于丰浦砂试样的最大有效应力比,因此试样在降压分解过程中是安全的。而在水压回复过程中,试样的有效应力比逐渐增大,当有效应力比大于丰浦砂试样的最大有效应力比时,试样有可能破坏。从图4.9中可以看到,试样 D-c5-02 在水压回复过程结束时,有效应力比小于丰浦砂试样的最大有效应力比,因此并未造成试样的破坏。

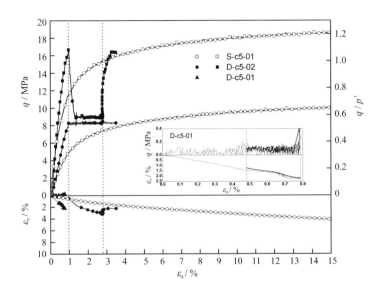

图 4.9　天然气水合物沉积物试样在剪切、降压分解及水压回复过程中的变形特性

（降压分解点：轴向应变 0 和 1%）

Fig. 4. 9　Deformation behaviors of methane hydrate-bearing specimens during shear,

depressurization and water recovery(depressurization point：axial strain of 0 and 1%)

　　从图 4.10 中可以看到，虽然试样 D-c5-03 在分解时承受的荷载大于丰浦砂试样的强度，但是由于其有效围压较大，试样能够承受较大的荷载（强度增大）。降压过程引起 3.2% 的轴向应变之后保持不变。同时由于较大的有效围压及荷载的作用，试样在水合物分解过程中被进一步地压缩，体积应变逐渐增大。观察有效应力比可以发现，在降压分解阶段，试样 D-c5-03 的有效应力比小于丰浦砂试样的最大有效应力比，因此试样并未破坏。而在水压回复过程中，随着孔隙压力的增大，有效应力比逐渐增大到超过丰浦砂的最大有效应力比，因此最终造成了试样的破坏。同时可以发现，相对于降压分解过程，水压回复过程对试样的体积应变影响较小。

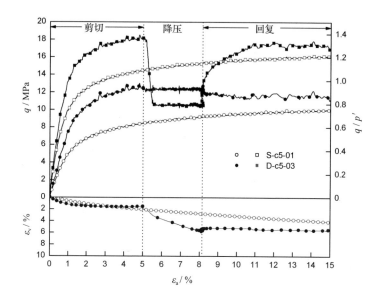

图 4.10　天然气水合物沉积物试样在剪切、降压分解及水压回复过程中的变形特性

（降压分解点：轴向应变 5%）

Fig. 4.10　Deformation behaviors of methane hydrate-bearing specimens during shear,

depressurization and water recovery(depressurization point: axial strain of 5%)

### 4.3.2　降压分解对 $K_0$ 固结试样力学特性的影响

图 4.11 所示为 $K_0$ 固结天然气水合物沉积物试样在降压分解及剪切过程中轴向偏应力、体积应变及轴向应变之间的关系。对于试样 D-K0-01,首先将其在 3 MPa 轴向荷载下降压分解完全,然后剪切至轴向应变 15%。对于试样 D-K0-02 和 D-K0-03,首先分别将其剪切至轴向应变 0.5% 和 1%,然后分别在 7 MPa 和 8 MPa 轴向荷载下降压分解完全,最后将二者全部剪切至轴向应变 15%。实验过程中,降压速率为 0.1 MPa/min,剪切应变速率为 0.001 $min^{-1}$。

从图 4.11 中可以看到,在初始剪切阶段,试样体积变形很小。从降压分解点开始,试样轴向应变和体积应变随着水合物分解逐渐增大,直至水合物完全分解时保持稳定。在降压分解过程中,在轴向应变 0、0.5% 及 1% 处降压分解的试样,由于降压过程引起的轴向应变分别为 0.4%、0.6% 及 1.0%,引起的体积应变分别为 1.3%、1.6% 及 1.5%。实验结果与等压固结试样类似,降压过程并没有造成天然气水合物沉积物试样的破坏。分解后的所有试样在剪切过程中呈现出类似的应力应变曲线和体积应变曲线,说明降压分解点的选择并不会影响分解后沉积物试样的最终强度及变形量。

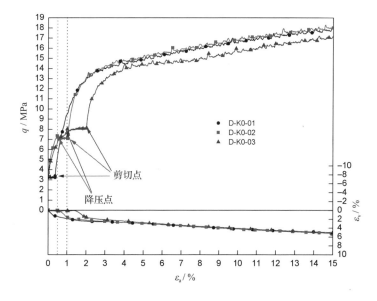

图 4.11　$K_0$ 固结天然气水合物沉积物试样在降压分解及剪切过程中的变形特性

Fig. 4.11　Deformation behaviors of $K_0$ consolidated methane hydrate-bearing specimens during depressurization and shear process

　　图 4.12 所示为 $K_0$ 固结天然气水合物沉积物试样在降压分解过程中轴向应变、体积应变、水合物饱和度和孔隙压力随时间变化的规律。从该图中可以看到，$K_0$ 固结天然气水合物沉积物试样在降压过程中轴向应变及体积应变等变化规律与等压固结天然气水合物沉积物试样类似（参见图 4.9）。在孔隙压力降到相平衡压力（4.3 MPa）之前，试样体积随着孔隙压力的减小线性减小，轴向应变逐渐增大。这是由于在水合物分解之前，试样体积的变化主要来自于试样中孔隙水的减少量。当天然气水合物开始分解时，由于胶结作用的消失，颗粒在有效围压作用下被压缩得更紧密，分解产生的孔隙气、孔隙水被排到上、下柱塞泵中，试样体积变形及轴向应变随着水合物分解逐渐增大。同时可以发现，在降压过程中，丰浦砂试样的轴向应变及体积应变均大于天然气水合物沉积物试样。这是由于水合物在分解过程中，试样中未分解的水合物会阻碍试样的变形，颗粒之间的胶结作用增加了颗粒之间的摩擦力、黏聚力，试样变形需要消耗更多的能量。当水合物分解完全时，二者的体积应变和轴向应变会趋于相同。试样 D-K0-01 的体积应变小于试样 D-K0-02 和 D-K0-03 的体积应变，说明分解过程中的荷载也会影响试样的体积变形，即试样在更高的荷载作用下分解会被压缩得更紧密。

　　图 4.13 所示为 $K_0$ 固结天然气水合物沉积物试样在降压分解、剪切及水压回复过程中的变形特性。降压速率为 0.5 MPa/min，水压回复速率为 0.1 MPa/min。对于试样 D-K0-04，首先将其在 3 MPa轴向荷载条件下分解完全，然后将孔隙压力回复到初始值。

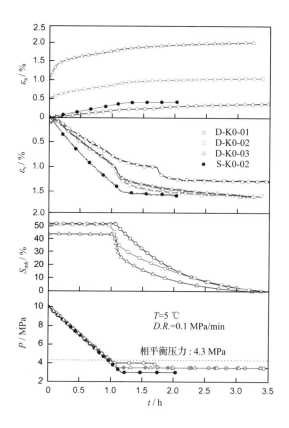

图 4.12　$K_0$ 固结天然气水合物沉积物试样在降压分解过程中轴向应变、

体积应变、水合物饱和度、孔隙压力随时间变化的规律

Fig. 4.12　Pore pressure, volumetric strain, saturation and axial strain variations

of $K_0$ consolidated methane hydrate-bearing specimens during the depressurization

对于试样 D-K0-05 和 D-K0-06，首先分别将其剪切至轴向应变 0.5％和 1％，然后分别在轴向荷载 7 MPa 和 9.6 MPa 条件下降压分解，当水合物分解完全时，将二者的孔隙水压回复至初始值。

从图 4.13 中可以看到，试样 D-K0-04、D-K0-05 及 D-K0-06 在

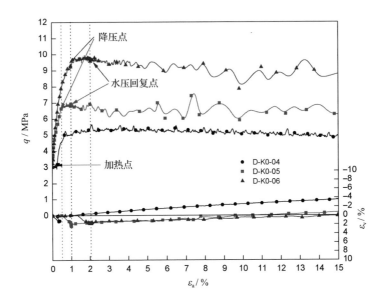

图 4.13　$K_0$ 固结天然气水合物沉积物试样在降压分解、

剪切及水压回复过程中的变形特性

Fig. 4.13　Deformation behaviors of $K_0$ consolidated methane hydrate-bearing specimens

during depressurization, shear and water pressure recovery

降压过程中的变形特性与试样 D-K0-01、D-K0-02 及 D-K0-03 类
似,降压过程同样未引起试样的破坏。当试样在轴向应变 0、0.5%
及 1%处降压分解时,由于降压分解引起的轴向应变分别为 0.4%、
0.5%及 1.0%,引起的体积应变分别为 1.2%、2.3%及1.8%。当
试样未承受荷载时,水压回复过程对试样的轴向应变和体积应变
影响很小。在孔隙压力回复之后,对试样进行剪切,发现试样仍具
有一定的强度,但是与图 4.11 中孔隙压力回复之前的试样相比,
强度有较大幅度的降低。当试样承受一定荷载时,水压回复过程

可能造成试样的破坏。当试样在轴向应变 0.5％ 和 1％ 处降压分解时,试样轴向应变在水压回复过程中逐渐增大直至破坏。这是由于水压回复之后,有效围压回复到降压之前的大小,而此时试样承受的荷载大于天然气水合物沉积物试样分解后的强度,造成了试样的破坏。比较图 4.11 和图 4.13 可以发现,水压回复过程影响了试样的体积变形。降压过程使试样呈现出被压缩的趋势,而水压回复过程使试样呈现出膨胀的趋势。

图 4.14 所示为 $K_0$ 固结天然气水合物沉积物试样在降压分解及水压回复过程中轴向应变、体积应变、水合物饱和度及孔隙压力随时间变化的规律。从该图中可以看到,在孔隙压力降到 4.3 MPa 之前,试样体积应变随着孔隙压力的降低线性增大。随着孔隙压力的继续降低,天然气水合物开始分解,试样体积应变逐渐增大。当水合物分解完全时,轴向应变及试样体积应变基本保持不变。当试样在轴向应变 0.5％ 和 1％ 处降压分解时,在水压回复过程中,试样轴向应变突然增大,导致了试样的破坏。当试样不承受荷载时,水压回复过程引起的试样轴向应变几乎为零。

从图 4.8~图 4.14 的结果中可以发现,降压过程与水压回复过程对等压固结天然气水合物沉积物试样和 $K_0$ 固结天然气水合物沉积物试样的变形特性的影响类似。然而,$K_0$ 固结天然气水合物沉积物试样与等压固结天然气水合物沉积物试样相比,强度更低,因此在实际开采过程中,必须考虑 $K_0$ 固结与等压固结对沉积物强度的影响。

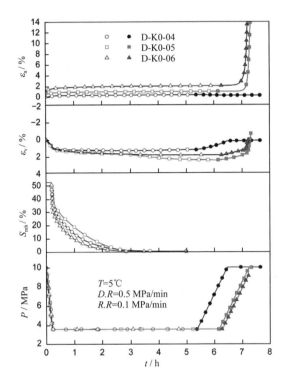

图 4.14  $K_0$ 固结天然气水合物沉积物试样在降压分解及水压回复过程中轴向应变

体积应变、水合物饱和度及孔隙压力随时间变化的规律

Fig. 4.14  Pore pressure, axial strain, saturation and volumetric strain variations

of $K_0$ consolidated methane hydrate-bearing specimens during depressurization

and water pressure recovery

## 4.4  降压速率、降压幅度对试样变形特性及

## 饱和度的影响

降压开采法是目前天然气水合物矿藏开采最直接和最经济的

一种方法。许多学者研究了不同降压方式对天然气水合物分解产

气量的影响,进而分析最经济、最优化的降压开采方法。在天然气水合物矿藏实际开采过程中,需要考虑不同降压方式对储层变形的影响,保证开采过程中的工程安全。由于天然气水合物对沉积层的变形特性有重要影响,研究天然气水合物沉积层在水合物分解过程中的饱和度变化对沉积层沉降量的影响也显得格外重要。

图 4.15 所示为降压速率对天然气水合物沉积物试样变形特性的影响。从该图中可以发现,当水合物分解完全时,试样的最终轴向变形、体积变形与降压速率无关。降压速率影响的是试样的初始变形速率,它随着降压速率的增大而增大。这是由于试样的初始变形速率取决于孔隙水的排出速率,在水合物分解之前,孔隙水的排出率主要受降压速率的影响。当水合物完全分解后,在相同的有效围压作用下,各个试样排到上、下柱塞泵中的孔隙气、孔隙水的量基本相等,导致最终形变量基本相等。

图 4.16 所示为降压幅度对天然气水合物沉积物试样变形特性的影响,降压幅度分别为 6.5 MPa 和 8 MPa。从该图中可以发现,试样的轴向应变与体积变形随着降压幅度的增大而增大。在孔隙压力降到 4.3 MPa 之前,天然气水合物尚未开始分解,试样变形主要是由于降压过程中孔隙水的减少引起的,因此不同降压幅度引起的轴向应变和体积变形基本相等。当孔隙压力低于 4.3 MPa 时,天然气水合物开始分解,且当水合物分解完全时,二者均保持稳定。D-K0-07 试样降压幅度较大,在水合物开始分解时孔隙压力仍持续降低,更多的孔隙水以及水合物分解产生的孔隙气、孔隙水在更高的有效围压作用下被排到上、下柱塞泵中,造成了更大的轴向应变和体积变形。虽然降压过程并不会导致储层的破坏,但是

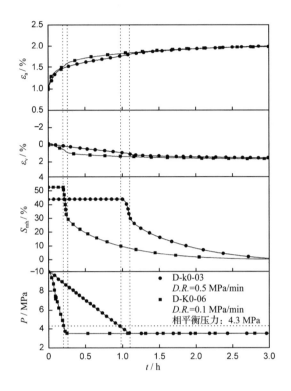

图 4.15　降压速率对天然气水合物沉积物试样变形特性的影响

Fig. 4. 15　Effect of depressurization rate on the deformation behaviors

of methane hydrate-bearing specimens

降压幅度过大,仍有可能造成储层产生较大的变形,对海底工程结构物的稳定性可能造成一定的影响。在实际开采过程中,在保证开采效率的同时,必须考虑降压可能造成的地层变形。

　　图 4.17 所示为降压分解过程中孔隙压力与水合物饱和度的关系,从中可以得到不同降压开采方式对天然气水合物产气量的影响。从图 4.17 中可以发现,当压力降低到相平衡压力(4.3 MPa)以下时,水合物开始分解。当试样 D-K0-07 孔隙压力以 0.5 MPa/min 降低

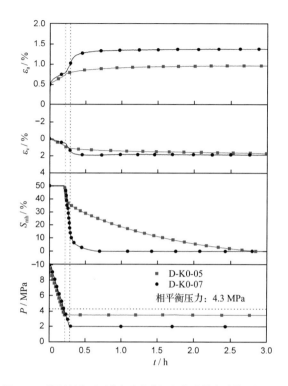

图 4.16　降压幅度对天然气水合物沉积物试样变形特性的影响

Fig. 4.16　Effect of pressure reduction on the deformation behaviors

of methane hydrate-bearing specimens

到 2 MPa 并维持稳定时,试样中天然气水合物大约在 1 h 后分解完全,分解过程消耗时间为 0.5 h。而当试样 D-K0-05 孔隙压力以同样的速率降低到 3.5 MPa 并维持稳定时,需要 3 h 才能使试样中的天然气水合物完全分解,分解消耗时间为 2.6 h。以上结果说明天然气水合物在较低的孔隙压力下分解得更快。当试样 D-K0-02 孔隙压力以 0.1 MPa/min 降低到 3.5 MPa 时,需要 2.5 h 使试样中天然气水合物完全分解。与试样 D-K0-05 比较,降压速率并不会明显改变试样中天然气水合物分解消耗的时间,影响的主要是天然气水合物开始进入分解阶段的时间。在实际天然气水合物开采过程中,降压过程消耗的时间是可以忽略不计的。

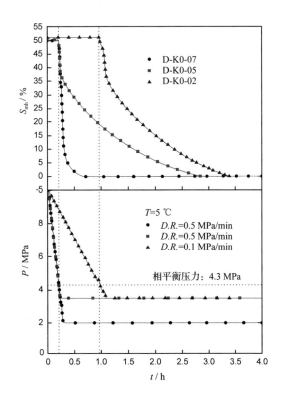

图 4.17  降压分解过程中孔隙压力与水合物饱和度的关系

Fig. 4.17  Hydrate saturation and pore pressure relations during depressurization

阮徐可等[166]通过数值模拟方法研究了不同降压途径对天然气水合物产气的影响,认为较大的降压幅度可以获得更快的产气速率,在较短的时间内可以获得更大的最终产气量;不同降压速率只影响天然气水合物开采过程时间的长短,而不影响最终产气量的大小。在天然气水合物实际开采过程中,可以通过调整降压幅度和降压速率来获得最优的产气速率和更多的产气量。

在实际天然气水合物开采过程中,注热开采法会造成大量热损失,热利用效率很低,而且只能进行局部加热;降压开采法虽然具有良好的应用前景,但是其对天然气水合物矿藏的性质有特殊的要求,只有当储层温度位于水合物相平衡边界附近时,降压开采法才具有经济可行性。单一使用降压法开采天然气水合物的速率很慢,并且随着天然气水合物的分解,储层温度会大幅降低。此时如果没有热流量补充,分解产生的孔隙水会结冰堵塞通道,阻碍水合物的进一步分解。注热开采法、降压开采法都有各自的优点和局限性,如何对现有的开采方案进行筛选和组合或者开发新的开采技术,寻找经济可行的开采方法将是一个非常重要的任务。

# 第 5 章　海底气饱和天然气水合物沉积物力学特性研究

　　水合物分解产生的自由气会改变海底沉积层的饱和状态和力学特性。在勘探过程中也发现,在水合物分解区域的附近,储层孔隙中也可能含有大量的甲烷气体[167],实际的天然气水合物储层并不都是水饱和的。当天然气水合物赋存区域含有充足的甲烷气源,且甲烷气体在向上运移的过程中被圈闭在上、下覆层之间时,储层孔隙中会含有过量的甲烷气体[22,168],如卡斯卡底古陆边缘(Cascadia continetal margin)[169]和布莱克海岭(Blake Ridge)区域[170];在冻土区,当沉积层的温度降低时,孔隙中存在的自由气也有可能生成天然气水合物,而此时的天然气水合物储层为气饱和状态[171]。因此,研究气饱和天然气水合物沉积物的力学特性,对天然气水合物矿藏的开采同样具有重要的参考价值。

　　由于四氢呋喃水合物(THF)对温度、压力的要求不高,容易在实验室内生成,Yun 等[58]在砂土、粉土及黏土中生成四氢呋喃水合物模拟海底天然气水合物沉积物,研究了四氢呋喃水合物沉积物的强度及变形特性。但是四氢呋喃水合物的结构与天然气水合物不同,且四氢呋喃水合物在生成过程中没有气相的存在[172],将四氢呋喃水合的实验结果应用到实际天然气水合物沉积物储层有待进一步的讨论[57]。Hyodo 等[29,34,173]在丰浦砂中生成天然气水合物,并进行了一系列的三轴剪切实验,获得了温度、孔隙压力、水合物饱和度、有效围压等对天然气水合物沉积物力学特性的影响。另外,他们通过平面剪切实验研究了天然气水合物沉积物的局部变形特性[35]。Masui 等[32,153]研究了日本南海海槽天然气水合物岩芯试样的力学特性,并与实验室合成试样进行比较,认为室内合成试样在一定条件下可以反映实际的储层性质。以上相关实验结果均是在对试样进行水饱和之后获得的。

Waite 等[22]在部分水饱和的渥太华砂样(Ottawa sand)中生成天然气水合物,并且在水合物生成及实验过程中试样孔隙保持过量的甲烷气体。他们认为,在富气条件下生成天然气水合物会使土颗粒之间发生胶结,且气饱和天然气水合物试样的物理、力学性质与在富水条件下生成的天然气水合物试样会有所不同。Priest 等[23]研究了天然气水合物形态对试样声波波速的影响,结果表明在富气条件下生成的天然气水合物试样的声波波速明显高于在富水条件下生成的天然气水合物试样的声波波速。Ebinuma 等[69]研究了孔隙流体对天然气水合物沉积物力学特性的影响,表明气饱和天然气水合物试样比水饱和天然气水合物试样具有更高的强度,并认为是由于水合物沉积物试样渗透率较低,导致压缩过程中孔隙压力增大、有效围压降低造成的。可以发现,目前有关气饱和天然气水合物沉积物力学性质的研究较少。

本章主要介绍水合物饱和度、孔隙压力、有效围压、温度对气饱和天然气水合物沉积物力学特性的影响,并与相关文献中水饱和天然气水合物沉积物试样的实验结果进行对比。

# 5.1　实验装置、材料与方法

### 5.1.1　实验装置与材料

详见 4.1.1 小节和 4.1.2 小节。

### 5.1.2　实验方法与步骤

当天然气水合物生成压力为 4 MPa 时,试样制备过程详见 4.1.3 小节。当天然气水合物生成压力为 12 MPa 时,同样先将甲烷气体注入冻结试样孔隙中,而后气体压力逐渐增大到 12 MPa。与此同时,围压以与孔隙气体压力相同的速率逐渐增大,并且一直保持高于孔隙压力 0.2 MPa,最终维持在 12.2 MPa 稳定。其他过程同 4.1.3 小节。由于天然气水合物在部分水饱和丰浦砂试样中生成,且整个反应过程中甲烷气体一直处于过量状态,当初始孔隙水完全反应时,试样已经处于气饱和状态。相对于水饱和试样,本章中气饱和试样省略了往试样孔隙中注入纯水驱替孔隙中残留甲烷气体的过程。当天然气水合物完全生成时,通过上、下柱塞泵注入甲烷气体维持实验过程中所需的孔隙压力,接着根据实验条件调节有效围压、温度等参数,将气饱和试样固结至预定的应力状态,最后进行剪切实验。

对于水饱和天然气水合物沉积物试样,水合物饱和度通过气体流量计测量试样分解产生的甲烷气体量来计算,残留在孔隙中的甲烷气体通过注入纯水进行驱替,收集后并换算成水合物饱和度。试样体积应变通过上、下柱塞泵测量孔隙水的变化量来获得(常规方法),此方法认为土颗粒在剪切过程中是不可压缩的。

对于气饱和天然气水合物沉积物试样,水合物饱和度通过试样中初始含水量来计算得到。由于甲烷气体的可压缩性质,气饱和天然气水合物沉积物试样体积应变不能通过常规的测量孔隙流体体积变化量的方法来获得,此时可以通过测量内压力室内流体体积的变化量来计算(参见图 4.1)。此方法测得的体积变形包括了剪切过程中土颗粒的变形,实验数据能够更准确地反映天然气水合物储层的实际变形。

### 5.1.3　实验内容

表 5.1 列出了气饱和天然气水合物沉积物试样三轴压缩实验条件。试样孔隙度为 40% 左右,与实际海底天然气水合物储层的孔隙度接近。实验过程中,剪切应变速率为 0.001 min$^{-1}$。表 5.1 中备注所示强度值为试样应力应变曲线的偏应力峰值或轴向应变 15% 处对应的偏应力值,丰浦砂试样(不含天然气水合物)为水饱和试样。

表 5.1 气饱和天然气水合物沉积物试样三轴压缩实验条件

Tab. 5.1 Experiment conditions of triaxial compression

on gas-saturated methane hydrate-bearing specimens

| 实验条件 | | | | | | 备注 |
|---|---|---|---|---|---|---|
| 有效围压 /MPa | 孔隙压力 /MPa | 温度 /℃ | 生成压力 /MPa | 饱和度 /% | 孔隙度 /% | 强度 /MPa |
| 1 | 5 | 5 | 0 | 0 | 39.3 | 3.25 |
| | | | 4 | 43.6 | 39.7 | 6.99 |
| 3 | 5 | 5 | 0 | 0 | 39.4 | 6.97 |
| | | | 4 | 23.4 | 39.4 | 10.17 |
| | | | | 42.5 | 40.7 | 11.30 |
| | 10 | 1 | 4 | 23.2 | 38.7 | 14.31 |
| | | 5 | 4 | 26.6 | 39.0 | 10.57 |
| | | | | 46.7 | 39.9 | 15.65 |
| | | | 12 | 24.7 | 39.0 | 9.20 |
| | 12 | 5 | 12 | 23.2 | 39.5 | 11.73 |

# 5.2 海底气饱和天然气水合物沉积物力学特性

## 5.2.1 水合物饱和度影响

图 5.1 和图 5.2 所示分别为水合物饱和度对气饱和天然气水合物沉积物试样在孔隙压力 10 MPa 和 5 MPa 时的应力应变曲线和体积应变曲线。从图 5.1 和图 5.2 中可以看到,在剪切过程中,丰浦砂试样的轴向偏应力随着轴向应变的增大逐渐增大,并最终以渐近线的形式趋向于定值。试样的体积变形在剪切的后半段基本保持不

变。整个实验过程中,丰浦砂试样呈现出应变硬化和剪缩的变形特性。这是由于在剪切过程中土颗粒的破碎、运移和重新排列造成的。在剪切应力作用下,试样中的孔隙空间会被细小的颗粒或者破碎的颗粒填充,此时试样表现为剪缩。而当试样的孔隙比达到一定程度时,部分土颗粒必须越过邻近颗粒,这会导致试样体积膨胀。如图 5.1 和图 5.2 所示,在剪切的初始阶段,试样表现为剪缩。随着剪切的进行,试样体积变形保持不变,这说明此时试样中土颗粒的填充效应和翻转效应基本达到平衡,即达到了丰浦砂试样的临界应力状态。Yun 等[58]也认为剪切会导致颗粒的旋转、滑移和重新排列,在密实的试样中,颗粒旋转需要克服的阻力被试样膨胀(有效围压较低时)或颗粒相对滑移(有效围压较高时)所消散,且试样最终的变形服从能量最小化原理。

从图 5.1 和图 5.2 中可以看到,气饱和天然气水合物沉积物试样与丰浦砂试样呈现出不同的变形特性,在剪切过程中出现应变软化和剪胀现象。试样轴向偏应力随着轴向应变逐渐增大,并在轴向应变 1%～3%处出现峰值,然后逐渐降低。在剪切的初始阶段,试样被压缩,而随着剪切的进行,试样表现出膨胀的趋势。这是由于天然气水合物的存在,水合物颗粒占据了试样中的孔隙空间,在试样剪切过程中没有足够的孔隙空间可以用来被填充,土颗粒必须越过邻近颗粒并最终导致试样体积膨胀。而当土颗粒越过邻近颗粒时,试样的局部区域会变得疏松,导致试样强度降低。另外,随着轴向应变/试样变形的增大,天然气水合物对土颗粒之间的胶结作用逐渐被破坏,也会导致试样强度的降低,表现为应变软化现象,如图 5.1 和图 5.2 所示。Yun 等[58]认为,在试样剪切过程中,水合物颗粒可能被剪切、从土颗粒表面分离或者干涉土颗粒的旋转,而这些变化对试样变形和强度的影响又取决于水合物强度、颗粒之间的胶结强度及水合物饱和度。

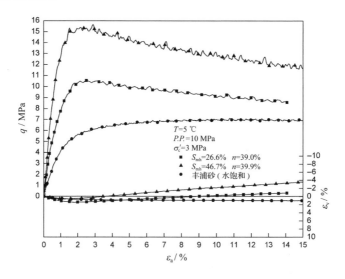

图 5.1　水合物饱和度对气饱和天然气水合物沉积物试样

应力应变曲线和体积应变曲线的影响($P.P. = 10$ MPa)

Fig. 5.1　The influence of methane hydrate saturation on the stress-strain and volumetric strain curves of gas-saturated methane hydrate-bearing specimens under 10 MPa pore pressure

　　Miyazaki 等[21]研究了水饱和天然气水合物丰浦砂试样的力学特性,试样同样呈现出应变软化现象,且试样破坏强度随着饱和度的增大而增大。然而,Hyodo 等[34]在进行了一系列的水饱和天然气水合物丰浦砂试样三轴压缩实验之后,获得了不同的实验结果,即水饱和天然气水合物丰浦砂试样在应变达到15%之前呈现出应变硬化的趋势,直到应变达到20%才开始出现强度降低的现象。本书认为,二者的差异主要是由于天然气水合物生成过程中所处

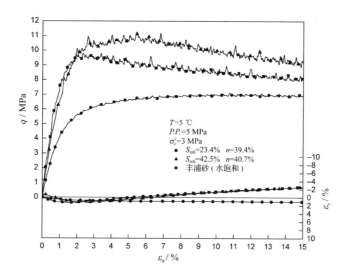

图 5.2　水合物饱和度对气饱和天然气水合物沉积物试样

应力应变曲线和体积应变曲线的影响($P.\,P. = 5$ MPa)

Fig. 5.2　The influence of methane hydrate saturation on the stress-strain and volumetric strain curves of gas-saturated methane hydrate-bearing specimens under 5 MPa pore pressure

的应力条件的不同造成的,即试样制备过程影响了试样的变形特性。Miyazaki 等[21]在较高的有效应力条件(与剪切过程应力条件相同)下生成天然气水合物,在水合物生成过程中,由于有效应力的作用,土颗粒会重新排列得更紧密。Hyodo 等[34]在有效应力为 0.2 MPa 时生成天然气水合物,当反应完全时再将试样在预定的有效应力条件下固结。其中,为了尽量减少水合物生成过程中有效应力的影响,且由于设备精度的限制,0.2 MPa 为柱塞泵能够提供的最小有效应力。在天然气水合物生成之后对试样进行固结,水合物的胶结作用会阻碍试样的变形、颗粒的重新排列以及孔隙水的排出。与在固结后生成天然气水合物的试样相比,固结前生成天然气水合物的试样密度相对较小。另外,试样初始孔隙度对试样强度及变形特性也有重要影响。Miyazaki 等[21]使用的丰浦砂试样孔隙度为 37.8%,小于 Hyodo 等[34]使用的丰浦砂试样的孔隙度(40%左右)。如前所述,由于颗粒之间的相对运动,密实度较大的试样更容易出现应变软化现象。

气饱和天然气水合物沉积物试样的强度随着水合物饱和度的增大而增大,试样体积变形随着水合物饱和度的增大呈现出越来越明显的剪胀特性。这是由于水合物的存在使土颗粒之间发生胶结[22, 23],且这种胶结作用随着水合物饱和度的增大而增大。另外,试样的密度也随着水合物饱和度的增大而增大。胶结作用和密度的增大都会导致试样强度的增大。然而,试样的孔隙比会随着水合物饱和度的增大而减小,在剪切过程中试样会由于没有足够的孔隙空间去容纳小颗粒或破碎的颗粒而呈现出更明显的剪胀特性。如图 5.2 所示,不同水合物饱和度的两条曲线呈现出相同的体积应变特性,这是由于 42.5%水合物饱和度试样比 23.4%水合物饱和度试样具有更大的孔隙度造成的。

图 5.3 所示为剪切过程中水合物饱和度为 26.6%和 46.7%的气饱和天然气水合物沉积物试样相对于水饱和天然气水合物丰浦砂试样的轴向偏应力增量的变化曲线。试样有效围压为 3 MPa,孔隙压力为 10 MPa,温度为 5 ℃。从图 5.3 中可以看到,在剪切的初始阶段,轴向偏应力增量随着轴向应变的增大线性增大,在应变 1%~3%处达到峰值,之后逐渐降低。这是由于天然气水合物胶结作用的影响,当试样变形较小时,颗粒间的胶结作用并未发生破坏,为了使试样持续变形,必须逐渐增大轴向荷载。同时可以发

现,轴向偏应力增量随着水合物饱和度的增大而增大,而在达到峰
值之后,二者的下降趋势基本相同。试样轴向偏应力增量随着水
合物的胶结作用以及试样密度的增大而增大。天然气水合物的存
在使土颗粒之间发生胶结,限制了颗粒的旋转、滑移,提高了试样
抵抗变形的能力(表现为强度增大),且这种抵抗变形的能力随着
天然气水合物饱和度的增大而增大。然而,这种胶结作用会随着
试样变形的增大而被逐渐破坏,水合物从土颗粒表面剥离或脱落,
土颗粒之间的连接作用部分消失,最终会导致轴向偏应力增量逐
渐降低。颗粒之间的胶结作用破坏之后,水合物颗粒作为试样骨
架的一部分存在于孔隙中,并参与试样中颗粒之间的相对运动,而
这种相对运动将会导致试样呈现出剪胀特性。

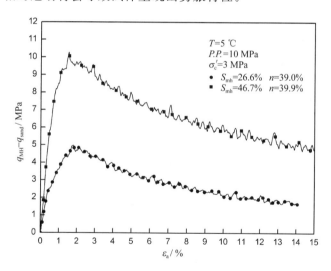

图 5.3　水合物饱和度对气饱和天然气水合物沉积物试样相对水饱和

丰浦砂试样的轴向偏应力增量的影响

Fig. 5.3　The influence of methane hydrate saturation on deviator stress difference of gas-saturated
methane hydrate-bearing specimens relative to water-saturated Toyoura sand specimen

水饱和天然气水合物沉积物试样的实验结果显示,应变软化现象随着水合物饱和度的增大会越来越明显[21],而本研究实验结果并未发现类似现象,如图 5.1 和图 5.2 所示。水合物饱和度对气饱和天然气水合物沉积物试样应变软化程度的影响较小。这是由于天然气水合物沉积物试样的渗透率较低,孔隙水/孔隙气在剪切过程中很难被及时地排出试样孔隙。此时,在部分区域内孔隙压力会增大,导致有效应力降低,表现为试样强度降低(软化现象)。天然气水合物试样的渗透率随着水合物饱和度的增大而减小,在剪切过程中,水合物饱和度较高的试样孔隙压力增大更多,因此水合物饱和度较高的试样表现出更明显的应变软化现象。由于甲烷气体具有较高的可压缩性,在剪切过程中孔隙压力变化较小,因此水合物饱和度对气饱和天然气水合物试样的软化程度影响较小。

### 5.2.2　孔隙压力影响

孔隙压力对砂土试样的力学特性影响较小,在本研究中,不同孔隙压力下的丰浦砂试样的强度及变形特性都用同一条应力应变曲线或体积应变曲线表示(参见图 5.1 和图 5.2)。然而,天然气水合物沉积物试样不同于丰浦砂试样,由于天然气水合物对温度、压力的敏感性以及水合物对试样骨架结构的改变,孔隙压力对试样强度及变形特性会造成一定的影响。不同埋藏深度的水合物矿藏,其储层孔隙压力也不同,因此有必要研究孔隙压力的影响,进而评价不同埋藏深度天然气水合物沉积层的力学特性,为天然气水合物的勘探开发提供参考。

图 5.4 和图 5.5 所示为孔隙压力对气饱和天然气水合物沉积物试样应力应变曲线及体积应变曲线的影响。从图 5.4 中可以看到,在一定的水合物饱和度、水合物生成压力和有效围压条件下,试样的强度和刚度随着孔隙压力的增大而增大。而在图 5.5 中,不同孔隙压力下的试样在破坏之前应力应变曲线基本保持重合,即刚度变化不大。这主要是由于 12 MPa 孔隙压力下的试样比 10 MPa 孔隙压力下的试样具有更低的水合物饱和度及更大的孔隙度造成的,导致较高孔隙压力下的试样刚度降低。Hyodo 等[34]研究了孔隙压力对水饱和天然气水合物丰浦砂试样强度及变形特性的影响,得到了类似本书的实验结果。然而,Miyazaki 等[21]认为孔隙压力对水饱和天然气水合物丰浦砂试样的强度影响不大,决定试样强度的主要因素是水合物饱和度及有效围压。从图 5.4 和图 5.5 中可以看到,孔隙压力对试样体积应变特性的影响呈现出相反的作用,不能轻易地得到孔隙压力对水合物沉积物体积应变特性的影响。这主要是由于水合物饱和度和孔隙度同样对试样的体积应变特性具有重要影响,而在实验过程中,二者很难被精确地控制。从图 5.4 和图 5.5 中可以得到,较高饱和度和较小孔隙度的天然气水合物沉积物试样更容易呈现出剪胀的现象。

在天然气水合物沉积物中,由于天然气水合物使土颗粒互相胶结,土中部分孔隙及喉道被堵塞,气体在土中是不连续的。封闭的孔隙及其周围的土颗粒、天然气水合物可以看作是一个整体(联合单元),且此封闭孔隙内的压力总是小于试样孔隙压力(水合物生成过程中,封闭孔隙内甲烷气体不断被消耗至小于相平衡压力）。在较高的孔隙压力及一定的有效围压作用下，这个联合单元会发生塑性变形、蠕变及压缩，整个试样会变得更加密实，导致试样强度增大。

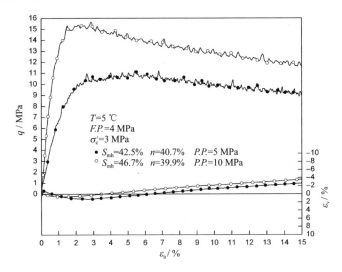

图 5.4　孔隙压力对气饱和天然气水合物沉积物试样

应力应变曲线及体积应变曲线的影响($F.P.=4$ MPa)

Fig. 5.4　The influence of pore pressure on the stress-strain and volumetric strain curves

of gas-saturated methane hydrate-bearing specimens formed at 4 MPa pore pressure

### 5.2.3　有效围压影响

图 5.6 所示为气饱和天然气水合物沉积物试样在不同的有效围压（1 MPa、3 MPa）、相同的孔隙压力（5 MPa）、温度（5 ℃）以及接近的水合物饱和度（42%～44%）下剪切时的应力应变曲线和体积应变曲线。

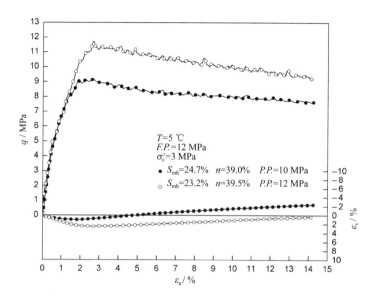

图 5.5　孔隙压力对气饱和天然气水合物沉积物试样

应力应变曲线及体积应变曲线的影响($F.P.=12$ MPa)

Fig. 5.5　The influence of pore pressure on the stress-strain and volumetric strain curves

of gas-saturated methane hydrate-bearing specimens formed at 12 MPa pore pressure

从图 5.6 中可以看到,在不同的有效围压条件下,两条曲线均呈现出明显的应变软化现象,但是软化程度随着有效围压的增大而减小。其中,软化现象是由于天然气水合物胶结作用的破坏以及部分颗粒翻越邻近颗粒之后造成试样局部密度疏松造成的。而随着有效围压的增大,颗粒翻越邻近颗粒时需要克服更多的阻力,试样软化程度变弱。同时可以发现,试样的强度和刚度均比水饱和丰浦砂试样高,且随着有效围压的增大而增大。这是由于有效围压能够提高土颗粒之间的摩擦力,在有效围压较高的条件下剪切时,需要更多的能量克服土颗粒之间的摩擦力使试样变形。

在相同轴向应变处,有效围压较高的试样体积膨胀较小。这是由于更高的有效围压会导致更多的土颗粒破碎,而破碎的土颗粒会在试样变形过程中移动到孔隙空间中去,试样表现为较小的剪胀。另外,随着有效围压的增大,试样需要更多的能量使部分土颗粒发生旋转或翻越邻近颗粒。有效围压阻碍了这种旋转、翻越效应,且部分颗粒在完全翻越邻近颗粒之前就因为过高的荷载作用而发生破碎,最终导致试样膨胀量变小。

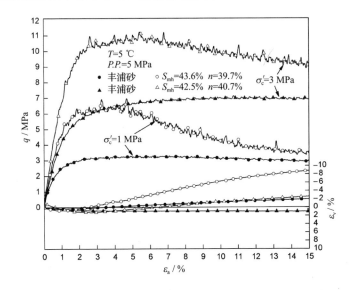

图 5.6  有效围压对气饱和天然气水合物沉积物试样

应力应变曲线及体积应变曲线的影响($P.P.$ =5 MPa)

Fig. 5. 6  The influence of effective confining pressure on the stress-strain and volumetric strain curves of gas-saturated methane hydrate-bearing specimens under 5 MPa pore pressure

图 5.7 所示为气饱和天然气水合物沉积物试样在不同的有效围压(1 MPa、3 MPa)、相同的孔隙压力(5 MPa)、温度(5 ℃)以及接近的水合物饱和度(42%~44%)下剪切时相对于水饱和丰浦砂

试样的轴向偏应力增量变化曲线。

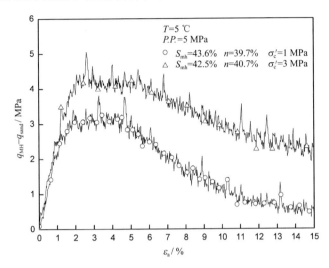

图 5.7　有效围压对气饱和天然气水合物沉积物试样相对于水饱和

丰浦砂试样的轴向偏应力增量的影响($P.P.$ =5 MPa)

Fig. 5. 7　The influence of effective confining pressure on the deviator stress

difference of gas-saturated methane hydrate-bearing specimens relative

to water-saturated Toyoura sand specimen under 5 MPa pore pressure

　　从图 5.7 中可以看到,在不同的有效围压条件下,试样轴向偏应力增量均随着轴向应变的增大而增大,并在轴向应变 1% ~3% 处达到峰值,之后逐渐降低。当有效围压较高(3 MPa)时,试样具有更高的轴向偏应力增量。这是由于有效围压增大了颗粒之间的摩擦力,限制了颗粒的旋转和相对滑动,导致颗粒之间的胶结作用更难被破坏。而随着试样变形的逐渐增大,试样承受的荷载越来越大,颗粒之间的胶结作用也将逐渐破坏,导致试样轴向偏应力增量的降低。随着胶结作用的逐渐破坏,越来越多的水合物颗粒从土颗粒表面分离、脱落,占据试样孔隙空间的同时参与到土颗粒之间的旋转、相对滑移等运动,而这种运动会相应增大试样抵抗变形的能力。当试样胶结作用的破坏与试样颗粒之间的旋转、滑动效应相互抵消时,试样轴向偏应力增量基本保持不变,如图 5.7 中轴向应变 2%~5%处曲线,出现一段相对平滑的区域。分离、脱落的水合物颗粒作为骨架的一部分参与试样的变形,此时的试样相对于丰浦砂试样密度更大,孔隙度更小,虽然随着变形的逐渐增大试样轴向偏应力增量逐渐减小,但是直至剪切结束,试样仍具有较高的轴向偏应力增量。当试样胶结作用完全破坏时,此时的轴向偏应力增量完全由试样密度决定。

### 5.2.4 温度影响

研究表明,温度对砂土强度的影响较小[174],却对天然气水合物的物理/化学性质、力学特性有很大的影响[14]。在天然气水合物开采过程中,无论是注热开采、降压开采或者是其他传统的开采方法,都会引起储层温度的变化。

图 5.8 所示为温度对气饱和天然气水合物沉积物试样应力应变曲线及体积应变曲线的影响。从该图中可以发现,试样强度及刚度受温度的影响较大,温度的降低会引起试样刚度、强度的增大。Hyodo 等[34]通过对水饱和天然气水合物丰浦砂试样进行三轴压缩实验,得到了相同的实验结果。Helgerud 等[175]研究了纯天然气水合物的声波特性,发现水合物的纵波波速($V_p$)与横波波速($V_s$)随着温度的升高而减小。Durham 等[61]研究了纯天然气水合物的强度及流变特性,同样表明水合物的强度随着温度的升高而降低。他们的实验结果可以很好地解释本书的实验现象(水合物

沉积物试样在较高的温度下强度较低,是由于天然气水合物本身在较高的温度下强度较低造成的)。另外,由于天然气水合物在较低的温度下更稳定,水合物对土颗粒之间的胶结作用也随着温度的降低变得更加牢固,而试样刚度主要受胶结作用的影响。

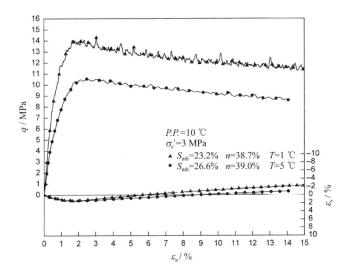

图 5.8　温度对气饱和天然气水合物沉积物试样应力应变曲线

及体积应变曲线的影响

Fig. 5.8　The influence of temperature on the stress-strain and volumetric strain

curves of gas-saturated methane hydrate-bearing specimens

### 5.2.5　气饱和与水饱和天然气水合物沉积物力学特性差异

本研究将气饱和天然气水合物沉积物试样与文献中水饱和天然气水合物沉积物试样的强度及变形特性进行了比较研究[21,34,153]。图 5.9 和图 5.10 所示为气饱和与水饱和天然气水合物沉积物试样力学特性比较。从这两个图中可以发现,气饱和天然气水合物沉积物试样(以下简称气饱和试样)的强度和刚度大于水饱和天然气水合物沉积物试样(以下简称水饱和试样)的强度和刚度。水饱和试样的轴向偏应力随着轴向应变的增大逐渐增大,并逐渐趋向于定值,剪切过程中并未出现峰值,呈现出应变硬化的现象。而气饱和试样在剪切过程中表现出明显的应变软化现象。如图5.9和图5.10所示,气饱和试样与水饱和试样均呈现出剪胀的变形特性,且气饱和试样的体积膨胀量大于水饱和试样的体积膨胀量。另外,二者的强度和刚度均大于丰浦砂试样的强度和刚度。Ebinuma 等[69]也在他们的研究中发现了类似的实验现象,认为水合物的存在抑制了孔隙流体在试样孔隙中的渗透,导致试样有效应力降低,进而影响试样的强度。Priest 等[23]比较了在过量的甲烷气体中生成的水合物试样和在过量的水中生成的水合物试样的声波特性,发现气饱和试样同样具有较高的强度。当然,在过量的水中生成天然气水合物试样与本书的试样制备方法不同,但是同样可以说明孔隙流体对天然气水合物试样强度的影响。

在水饱和过程中,部分水合物接触未完全降温的注入水时会发生分解现象,此时通过气体流量计计算的水合物饱和度大于试样中实际的水合物饱和度。因此在图5.9和图5.10中,气饱和天然气水合物试样的实际饱和度可能高于水饱和天然气水合物试样的饱和度,而较高的水合物饱和度使试样呈现出更明显的剪胀现象和强度。水合物分解的同时也会削弱土颗粒之间的胶结作用,导致试样强度和刚度的降低。

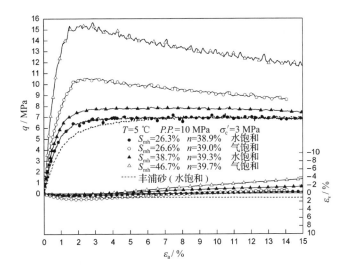

图 5.9　气饱和与水饱和天然气水合物沉积物试样力学特性比较($P.P.=10$ MPa)

Fig. 5. 9　Comparison of the mechanical behavior of gas-saturated and water-saturated methane hydrate-bearing specimens under 10 MPa pore pressure

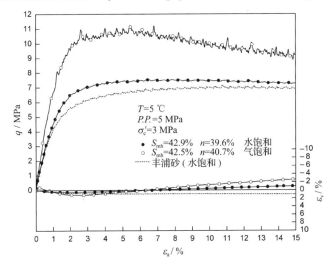

图 5.10　气饱和与水饱和天然气水合物沉积物试样力学特性比较($P.P.=5$ MPa)

Fig. 5. 10　Comparison of the mechanical behavior of gas-saturated and water-saturated methane hydrate-bearing specimens under 5 MPa pore pressure

图 5.11 和图 5.12 比较了气饱和天然气水合物沉积物试样与水饱和天然气水合物沉积物试样相对于水饱和丰浦砂试样的轴向偏应力增量的变化曲线。从这两个图中可以发现，气饱和与水饱和试样均在轴向应变 1% ～ 3% 处出现峰值，与试样中的孔隙流体无关。气饱和试样的轴向偏应力增量大于水饱和试样的轴向偏应力增量。当偏应力增量达到峰值时，气饱和与水饱和试样的偏应力增量均逐渐下降。虽然气饱和试样的偏应力增量下降得更快，但是气饱和试样最终的偏应力增量仍旧大于水饱和试样的偏应力增量。

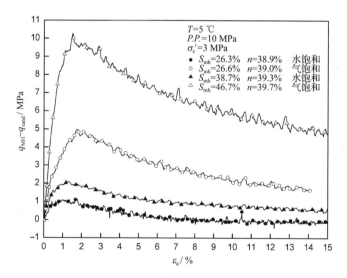

图 5.11　气饱和与水饱和天然气水合物沉积物试样相对于水饱和
丰浦砂试样的轴向偏应力增量比较($P.P.=10$ MPa)

Fig. 5.11　Comparison of the deviator stress difference of gas-saturated and water-saturated methane hydrate-bearing specimens relative to water-saturated Toyoura sand specimen under 10 MPa pore pressure

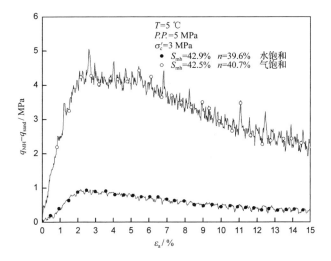

图 5.12　气饱和与水饱和天然气水合物沉积物试样相对于
水饱和丰浦砂试样的轴向偏应力增量比较($P.P. = 5$ MPa)

Fig. 5.12　Comparison of the deviator stress difference of gas-saturated
and water-saturated methane hydrate-bearing specimens relative to water-saturated
Toyoura sand specimen under 5 MPa pore pressure

# 第6章 $CO_2$ 与天然气水合物沉积物力学特性比较研究

随着天然气水合物研究的不断深入,其开采技术的研究也得到快速的发展。同时,由于温室效应的影响,各国政府面临着巨大的 $CO_2$ 减排的压力,$CO_2$ 置换开采法作为一种潜在的封存 $CO_2$ 的途径也被越来越多的科学家所关注。该方法依据的是天然气水合物和 $CO_2$ 水合物稳定带的温度、压力条件,在一定的温度条件下,天然气水合物维持稳定比 $CO_2$ 水合物需要更高的压力。因此,在一定的温度、压力范围内,天然气水合物会分解,而 $CO_2$ 水合物能够生成并保持稳定。如果在此温度、压力条件下向天然气水合物储层注入 $CO_2$ 气体或 $CO_2$ 乳状液,$CO_2$ 就可能与天然气水合物分解产生的水反应生成 $CO_2$ 水合物。同时,$CO_2$ 水合物生成的反应热能够促进天然气水合物的进一步分解,在孔隙不堵塞的情况下,开采能够持续进行。

Ohgaki 等[149,150]首先提出了利用 $CO_2$ 置换开采天然气水合物矿藏的概念,此方法的优点是:①相比传统开采方法,储层具有更高的稳定性;②减缓温室效应。同时,Nakazono 等[176]提出可以将 $CO_2$ 注入天然气水合物储层的上覆盖层中,生成的 $CO_2$ 水合物层可以增加地层的稳定性,防止天然气水合物开采过程中海底滑坡的发生,也可以避免开采过程中分解产生的甲烷气体泄漏到大气中。然而,目前的天然气水合物开采方法尚未成熟,开采过程中存在很多不确定的因素,尤其是水合物分解对储层变形特性的影响[177]。因此,为了评价 $CO_2$ 置换开采法的可行性、评估天然气水合物储层的长期稳定性,需要研究 $CO_2$ 水合物的力学特性及其与天然气水合物力学特性之间的差异。

很多学者对 $CO_2$ 置换天然气水合物中 $CH_4$ 的热力学过程进行了大量的研究,并证明了置换开采法在热力学上考虑是可行的[178-181]。目前,有关 $CO_2$ 力学特性及其与天然气水合物性质差异的研究很少。Uchida 和 Kawabata 研究了"液态 $CO_2$-水-气态 $CO_2$-水合物"系统的力学特性来评估海底封存二氧化碳的适用性,测量了各相间的界面张力以及 $CO_2$ 水合物膜的强度[182]。Espinoza 和 Santamarina 测量了 $CO_2$ 置换天然气水合物过程中的纵波波速变化,结果显示置换过程不影响沉积物的刚度,并认为天然气水合物储层无论在置换过程中还是在置换过程后都能保持力学稳定性[177]。Wu 和 Grozic 研究了各向等压固结和不排水条件下 $CO_2$ 水合物沉积物的分解特性。结果显示,微小的水合物分解也会造成试样的破坏[183]。Ordonez 和 Grozic 研究了 $CO_2$ 水合物对渥太华砂(ottawa sand)强度和纵波波速的影响[184]。结果表明,水合物的存在会导致试样黏聚力、强度、刚度的增加,而内摩擦角基本不受影响。

本章主要介绍 $CO_2$ 水合物沉积物的力学特性及其影响因素，并将其与天然气水合物沉积物的力学特性进行了比较。

# 6.1　实验装置、材料与方法

### 6.1.1　实验装置与材料

详见 4.1.1 小节和 4.1.2 小节。

### 6.1.2　实验方法与步骤

在本研究中，采用分层击实法制备 $CO_2$ 水合物沉积物试样，具体制备过程详见 4.1.3 小节。最终获得的试样直径为 30 mm，高度为 60 mm，孔隙度大约为 40%，与海底天然气水合物沉积层的孔隙度相当。图 6.1 所示为 $CO_2$ 水合物沉积物试样制备过程中的温度、压力条件以及各个状态下试样的组成成分。首先，将一定含水率的冻结试样安装在温控、高压水合物三轴仪底座上。安装完毕后，注入液压油并提高围压至 0.2 MPa，同时保持压力室温度为 $-1$ ℃。然后往试样中注入 $CO_2$ 气体并逐渐将孔隙压力提高至 3.5 MPa。与此同时，围压以同样的速率慢慢增大，并一直保持高于孔隙压力 0.2 MPa。最后将温度提高至 5 ℃，并维持孔隙压力、围压和温度 24 h 不变。当上、下柱塞泵中 $CO_2$ 的量不再变化时，可以认为孔隙中的水已全部反应生成 $CO_2$ 水合物。从图 6.1 中可以看到，本书中 $CO_2$ 水合物的生成条件在天然气水合物的相平衡条件之外，在此条件下天然水合物会分解，而 $CO_2$ 水合物可以生成。此时的温度、压力条件可以模拟 CO₂ 置换开采天然气水合物矿藏过程中的原位环境。

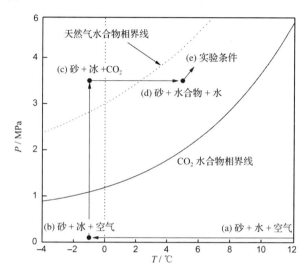

图 6.1　CO₂ 水合物沉积物试样制备过程中的温度、压力条件以及
各个状态下试样的组成成分

Fig. 6.1　The pressure/temperature condition during the preparation of CO₂
hydrate-bearing specimens and the composition of the specimen under each condition

在 CO₂ 水合物生成之后,通过上、下柱塞泵对试样进行水饱和,用纯水驱替残留在孔隙中的 CO₂ 气体。接着设定孔隙压力、围压、温度等参数,将试样等压固结至预定的有效应力条件。最后进行三轴剪切实验。实验过程中,应变速率为 $0.001\ min^{-1}$。试样的水合物饱和度通过初始含水率定量地控制,而准确的饱和度数值通过收集实验后分解的 CO₂ 气体计算得到。

### 6.1.3　实验内容

表 6.1 所示为 CO₂ 水合物沉积物试样三轴剪切实验条件。本

实验研究了水合物饱和度、有效围压、温度对 $CO_2$ 水合物沉积物试样力学特性的影响，并与相关文献中天然气水合物沉积物试样的实验结果进行了比较，分析了 $CO_2$ 置换法开采天然气水合物的可行性。

表 6.1　　　$CO_2$ 水合物沉积物试样三轴剪切实验条件

Tab. 6.1　Conditions of triaxial shear on $CO_2$ hydrate-bearing specimens

| 实验条件 | | | | 备注 |
|---|---|---|---|---|
| 孔隙压力 /MPa | 有效围压 /MPa | 温度 /℃ | 饱和度 /% | 强度 /MPa |
| 10 | 1 | 5 | 47.8 | 4.16 |
| | 2 | 5 | 43.1 | 6.25 |
| | 5 | 1 | 31.9 | 12.07 |
| | | 5 | 0 | 10.32 |
| | | | 32.7 | 11.88 |
| | | | 39.9 | 12.08 |
| | | | 44.9 | 12.57 |
| | | 10 | 31.1 | 11.22 |

# 6.2　$CO_2$ 与天然气水合物沉积物力学特性比较

## 6.2.1　应力应变曲线

应力应变曲线可以反映材料很多的力学性质，获得的参数可以用来建立材料的本构模型和强度准则。为了能更深入地了解置换开采过程中天然气水合物储层的变形特性,有必要研究 $CO_2$ 和天然气水合物沉积物的轴向应力应变曲线及体积应变曲线。

　　图 6.2 所示为 $CO_2$ 和天然气水合物沉积物试样在不同饱和度条件下的轴向应力应变曲线和体积应变曲线,其中有效围压为 5 MPa,温度为5 ℃。从该图中可以发现,在剪切的初始阶段(轴向应变小于 0.5%～1%),试样的轴向偏应力随着轴向应变的增大而线性增大,表现出一定的弹性性质。随着轴向应变的继续增大,试样偏应力持续增大,但是增加的速率逐渐减小。

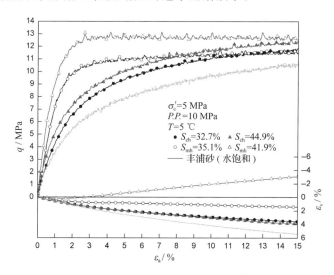

图 6.2　$CO_2$ 和天然气水合物沉积物试样在不同饱和度条件下的

轴向应力应变曲线和体积应变曲线

Fig. 6.2　The stress-strain and volumetric strain curves of $CO_2$ and methane

hydrate-bearing specimens under various saturations

从图 6.2 中可以发现,试样的轴向应力应变曲线可以分为三个阶段:①准弹性阶段;②硬化阶段;③屈服阶段。对于 $CO_2$ 水合物沉积物试样,轴向应力应变曲线出现了准弹性阶段和硬化阶段。试样在剪切过程中直到剪切结束表现出明显的应变硬化现象。曲线的形状与纯丰浦砂试样的轴向应力应变曲线类似。

对于天然气水合物沉积物试样,轴向应力应变曲线的三个阶段都有出现。试样的应变硬化阶段在轴向应变 $4\%\sim5\%$ 处结束,随后进入屈服阶段并伴随轻微的强度硬化。在剪切的初始阶段,天然气水合物沉积物试样偏应力的增加速率明显地大于 $CO_2$ 水合物沉积物试样偏应力的增加速率;而在剪切结束时,二者的残留强度却趋于相同。此现象说明,当饱和度相同时,天然气水合物沉积物试样比 $CO_2$ 水合物沉积物试样具有更高的刚度,但是强度却基本相同。相关研究表明,天然气水合物沉积物试样或天然气水合物岩芯在剪切过程中有时会呈现出应变软化的现象[21,153,184]。这是由于材料的应力应变曲线容易受到实验条件的影响,不同的试样制备方法和实验条件(孔隙度、饱和度及有效应力等)导致了试样应力应变曲线的变化。

从图 6.2 中可以看到,不同饱和度的 $CO_2$ 水合物沉积物试样在压缩过程中均呈现出剪缩现象,且饱和度对体积应变的影响较小。而天然气水合物沉积物试样的体积变形特性有明显的不同,且受饱和度的影响较大。当天然气水合物饱和度为 $41.9\%$ 时,试样呈现出剪胀的特性。在剪切的开始阶段,试样被压缩,然后逐渐膨胀直至剪切结束。当天然气水合物饱和度为 $35.1\%$ 时,试样呈现出剪缩特性,且在相同轴向应变处,天然气水合物沉积物试样的体积变形小于 $CO_2$ 水合物沉积物试样的体积变形。

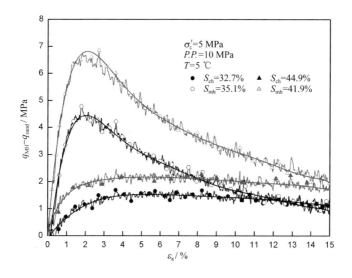

图 6.3　CO$_2$ 和天然气水合物沉积物试样在不同饱和度条件下相对于

丰浦砂试样的轴向偏应力增量变化曲线

Fig. 6. 3　The deviator stress difference of CO$_2$ and methane hydrate-bearing

specimens relative to Toyoura sand specimen under various saturations

图 6.3 所示为 CO$_2$ 和天然气水合物沉积物试样在不同饱和度条件下相对于丰浦砂试样的轴向偏应力增量变化曲线,其中有效围压为 5 MPa,温度为 5 ℃。从该图中可以看到,在剪切的初始阶段,无论是 CO$_2$ 水合物沉积物试样还是天然气水合物沉积物试样,其轴向偏应力增量都随着轴向应变的增大线性增大。对于 CO$_2$ 水合物沉积物试样,偏应力增量随着轴向应变慢慢增大并逐渐趋向于定值,期间并未出现峰值。对于天然气水合物沉积物试样,偏应力增量在轴向应变 1%~3% 处出现峰值,随后逐渐降低直到剪切结束。虽然天然气水合物沉积物试样的偏应力增量在剪切初期增加得较快,但是剪切结束时,二者具有相同的残余偏应力增量。本

书认为,偏应力增量主要是由于水合物和砂土颗粒之间的胶结作用造成的。从图 6.3 中可以发现,天然气水合物的胶结作用大于 $CO_2$ 水合物的胶结作用。随着轴向应变的增加,水合物的胶结作用逐渐被破坏,水合物颗粒进入试样孔隙中并参与试样的变形(旋转、翻越、滑动)。当水合物的胶结作用完全破坏时,决定偏应力增量的主要因素转变为试样的整体密度,由于二者具有接近的饱和度和密度,因此二者具有相同的残余偏应力增量。

### 6.2.2　饱和度影响

饱和度对天然气水合物沉积物的影响已经有较多的研究[21,34,172,185],本书第 5 章也详细介绍了水合物饱和度对气饱和天然气水合物沉积物试样力学特性的影响。结果表明,水合物饱和度越高,天然气水合物沉积物试样强度越大,并且表现出更明显的剪胀现象。水合物的存在,同时也会影响试样的应力应变曲线。

从图 6.2 中可以看到,水合物饱和度对 $CO_2$ 水合物沉积物试样的强度及变形特性同样具有一定的影响。在有效围压为 5 MPa 的情况下,试样呈现出剪缩以及应变硬化的现象。试样初始刚度和强度随着 $CO_2$ 水合物饱和度的增大而增大,与天然气水合物沉积物试样具有类似的性质。然而,$CO_2$ 水合物沉积物试样的应力应变曲线以及体积应变曲线基本不受水合物饱和度的影响,这一点与天然气水合物沉积物试样有很大的不同。对于天然气水合物沉积物试样,随着水合物饱和度的增大,试样体积应变会从剪缩向剪胀趋势转变,同时试样轴向应力应变曲线会从应变硬化向应变软化趋势转变。

从图 6.3 中可以看到,饱和度为 44.9% 的 $CO_2$ 水合物沉积物试样在相同轴向应变处的偏应力增量大于饱和度为 32.7% 的 $CO_2$ 水合物沉积物试样。这是由于水合物沉积物试样的偏应力增量受水合物胶结作用[186] 和试样整体密度的影响。当试样饱和度较高时,颗粒间的胶结作用和试样密度较大,因此试样偏应力增量较大。

图 6.4 所示为 $CO_2$ 和天然气水合物沉积物试样及天然水合物岩芯的破坏强度。从该图中可以看到,在相同的条件下,$CO_2$ 水合物沉积物试样与天然水合物沉积物试样、天然水合物岩芯的强度基本相同,且都随着饱和度和有效围压的增大而增大。在不同的有效应力条件下,水合物沉积物试样强度与饱和度的关系可以近似地用指数函数来表达。此结果说明,如果 $CO_2$-$CH_4$ 置换反应在较短的时间内完成,且生成的 $CO_2$ 水合物在海底沉积层中分布均匀,那么新生成的 $CO_2$ 水合物能够继续保持海底沉积层的稳定,不会造成海底滑坡等地质灾害。然而,由于 $CO_2$ 水合物沉积物和天然气水合物沉积物力学性质的差异(参见图 6.2 和图 6.3),置换过程会造成海底沉积层刚度和体积应变特性的改变,在一定的荷载条件(小于破坏强度)下,海底水合物沉积层会发生部分沉降或变形。在实际开采过程中,置换过程虽然不会造成海底沉积层大范围的坍塌,但是沉积层的部分变形和沉降仍有可能造成钻井或基础设施的变形,进而导致甲烷气体的泄漏和生命财产损失。在今后的研究中,有必要研究置换过程中海底水合物沉积层的力学特性变化,测量置换过程中海底沉积层的变形量,进而评价置换过程中海底水合物沉积层的稳定性。

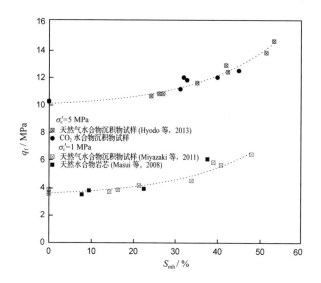

图 6.4　$CO_2$ 和天然气水合物沉积试样及天然水合物岩芯的破坏强度

Fig. 6.4　The failure strength of $CO_2$ hydrate-bearing specimens, methane

hydrate-bearing specimens and natural hydrate cores

### 6.2.3　有效围压影响

有效围压与储层的埋藏深度有关,对砂土和天然气水合物沉积物的力学特性有重要影响[55,96,100,115]。随着有效围压的增大,材料的轴向应力应变曲线可能从应变软化向应变硬化转变。本书第 5 章也详细介绍了有效围压对气饱和天然气水合物沉积物力学特性的影响。

图 6.5 所示为有效围压对 $CO_2$ 水合物沉积物试样轴向应力应变曲线和体积应变曲线的影响,其中孔隙压力为 10 MPa,温度为 5 ℃,饱和度为 43%～48%。如图 6.5 所示,当有效围压为 1 MPa 时,试样轴向应力应变曲线呈现出应变软化现象。在剪切的初始

阶段,试样体积表现为剪缩,然后逐渐膨胀直到剪切结束。土力学研究表明,材料的应力应变曲线总是依赖于有效围压,在更高的有效围压条件下,材料具有更高的强度和刚度,且应力应变曲线趋向于应变硬化。当有效围压为 5 MPa 时,轴向偏应力在剪切过程中逐渐增大(应变硬化现象),并且未出现明显的峰值。试样的体积应变表现为剪缩现象。Hyodo 等[34] 和 Miyazaki 等[21] 研究了有效围压对天然气水合物沉积物强度及变形特性的影响,获得了类似的实验结果。

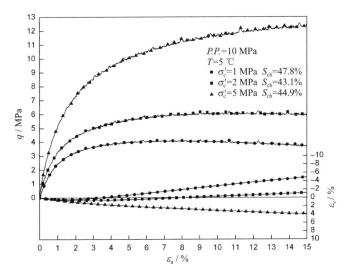

图 6.5　有效围压对 CO₂ 水合物沉积物试样轴向应力应变曲线

和体积应变曲线的影响

Fig. 6.5　The influence of effective confining pressure on the stress-strain and

volumetric strain curves of CO₂ hydrate-bearing specimens

图 6.6 所示为有效围压对 CO₂ 和天然气水合物沉积物试样破坏强度的影响,并与 Hyodo 等[34] 和 Miyazaki 等[21] 在天然气水合物沉积物上的实验结果进行了对比。从图 6.6 中可以发现,无论

是 $CO_2$ 水合物沉积物试样还是天然气水合物沉积物试样,其强度都随着有效围压的增大而显著地增大。这是由于有效围压能够限制微裂纹的发展,同时阻碍了颗粒之间的相对运动(旋转、翻越、滑动),增加了颗粒之间的摩擦阻力。Lee 等[57]研究了有效围压对四氢呋喃水合物(THF)沉积物的影响,认为在水合物生成之前较高的有效应力能够使颗粒趋于更紧密的状态,并最终导致试样强度增大。同时也可以发现,在水合物饱和度相近时,Miyazaki 等[21]获得的天然气水合物试样的强度高于本书 $CO_2$ 水合物沉积物试样的强度,似乎与本书 6.2.2 小节的结论相悖。这是由于本书使用的温控、高压水合物三轴仪将加载单元放置在压力室内,可以消除加载过程中活塞与压力室之间的摩擦,获得的强度值更接近实际的强度。而 Miyazaki 等[21]将加载单元放置在压力室外,获得的强度数据包含了活塞与压力室之间的摩擦,因此会造成获得的实验数据高于实际的强度值。由于 Miyazaki 等[21]使用的试样孔隙度为37.8%,低于本书使用的试样的孔隙度(40%),同样会引起强度值的增加。

### 6.2.4  温度影响

图 6.7 所示为温度对 $CO_2$ 水合物沉积物试样轴向应力应变曲线和体积应变曲线的影响。图 6.8 所示为温度对 $CO_2$ 和天然气水合物沉积物试样破坏强度的影响。从这两个图中可以发现,试样的初始刚度和强度随着温度的降低而增大,而试样体积应变受温度的影响不大。实验结果与第 5 章中温度对气饱和天然气水合物沉积物试样的影响类似。Hyodo 等[34]研究了温度对水饱和天然气水合物沉积物强度及变形特性的影响,也得到了类似的实验结果。

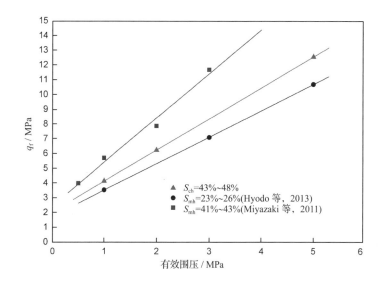

图 6.6　有效围压对 $CO_2$ 和天然气水合物沉积物试样破坏强度的影响

Fig. 6.6　The influence of effective confining pressure on the failure strength of $CO_2$ and methane hydrate-bearing specimens

这些实验结果验证了水合物强度在化学机理方面的解释[61]，由于水合物在较低温度时在热力学上更稳定，分子间作用力更大且更难被破坏，导致试样强度增大。有关温度对水合物沉积物力学特性的影响详见 5.2.4 小节。

### 6.2.5　剪切强度比较

材料的剪切强度与材料的黏聚力和内摩擦角有关，反映颗粒之间滑动的摩擦阻力、颗粒的重新排列以及颗粒破碎情况。黏聚力和内摩擦角对剪切强度的影响可以通过摩尔-库仑强度准则来获得。黏聚力反映的是颗粒之间综合的物理/化学作用力，包括颗粒之间的胶结作用力和静电吸引力等。内摩擦角反映的是材料摩擦

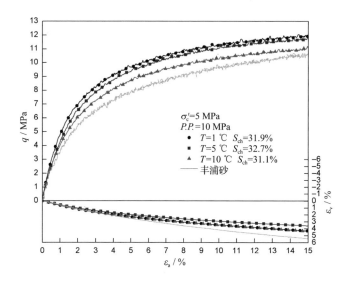

图 6.7　温度对 $CO_2$ 水合物沉积物试样轴向应力应变曲线和体积应变曲线的影响

Fig. 6.7　The influence of temperature on the stress-strain and volumetric

strain curves of $CO_2$ hydrate-bearing specimens

阻力对有效应力的依赖性,包括颗粒表面摩擦力和颗粒之间的咬合力等。然而,黏聚力和内摩擦角经常受实验方法的影响,因此本章采用有效黏聚力和有效内摩擦角表示试样的剪切强度。

如图 6.9 所示,$CO_2$ 水合物沉积物的有效黏聚力($c'$)和有效内摩擦角($\varphi'$)可以通过摩尔-库仑强度准则来获得。从该图中可以发现,水合物沉积物的有效黏聚力和有效内摩擦角随着水合物饱和度的增大而增大。当 $CO_2$ 水合物沉积物饱和度从 0 增大到 43%～48%时,试样的有效黏聚力和有效内摩擦角分别增加了 0.11 MPa 和 2.8°。$CO_2$ 水合物沉积物的剪切强度和天然气水合物沉积物的剪切强度并没有很大的差异。

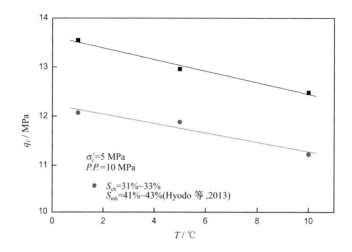

图 6.8 温度对 $CO_2$ 和天然气水合物沉积物试样破坏强度的影响

Fig. 6.8 The influence of temperature on the failure strength of $CO_2$ and methane hydrate bearing specimens

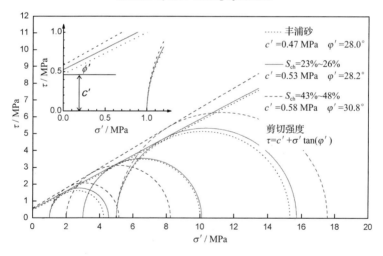

图 6.9 水合物沉积物的剪切强度和摩尔圆

Fig. 6.9 Shear strength and Mohr's circles of hydrate-bearing specimens

Ordonez 和 Grozic 研究了 $CO_2$ 水合物渥太华砂(ottawa sand)试样和纯渥太华砂试样的剪切强度[184]。他们发现,无论是 $CO_2$ 水合物渥太华砂试样还是纯渥太华砂试样的内摩擦角都为 45°,且纯渥太华砂试样颗粒之间不存在黏聚力,而 $CO_2$ 水合物的存在使试样颗粒间黏聚力从 0 MPa 增加到 0.14 MPa。他们认为,黏聚力的增加主要是由于水合物的胶结作用引起的,进而提高了试样的强度。本书第 2 章和第 3 章研究了天然气水合物沉积物试样以及含冰粉天然气水合物试样的剪切强度,发现无论是天然气水合物沉积物试样还是含冰粉天然气水合物试样,其黏聚力都在 1 MPa 到 2 MPa之间,内摩擦角小于 10°。虽然水合物沉积物试样的剪切强度、黏聚力、内摩擦角受试样主体材料的影响较大,但是黏聚力都表现出随着水合物饱和度增大而增大的趋势,而内摩擦角受饱和度的影响都不是很明显。Waite 等[22]认为,水合物的存在使试样颗粒之间发生胶结,这会导致颗粒间胶结力的上升,表现为黏聚力的增大。

以上结果表明,如果 $CO_2$-$CH_4$ 置换在较短的时间内完成,且新生成的 $CO_2$ 水合物在海底沉积层中分布均匀,那么用 $CO_2$ 置换法开采天然气水合物矿藏能够保持储层的稳定,同时由于 $CO_2$ 水合物比天然气水合物在热力学上更稳定,说明在一定温度、压力条件下,用 $CO_2$ 置换法开采天然气水合物在储层力学稳定性上是可行的。

# 第7章 海底天然气水合物沉积物本构模型研究

本构模型是描述材料在外部荷载作用下变形特性的基础,同时也是地层变形数值模拟分析的理论基础[119],对土木工程建设施工的设计和计算具有重要意义。目前,对天然气水合物沉积物力学特性的研究主要集中在室内三轴剪切实验[21, 29, 34, 55, 58, 67, 68]、剪切波速实验[31, 187-189],并取得了不少进展。随着实验技术的不断发展,对天然气水合物沉积物强度及变形特性的认识也不断深入,在大量实验数据的基础上,对天然气水合物沉积物本构关系的研究也逐渐开展起来。Sultan 等[75]在剑桥模型(Cam-Clay model)的基础上,将水合物饱和度作为状态变量来模拟含水合物沉积物的骨架结构破坏及软化现象,但是此模型仅能大致表达应力应变曲线的变化趋势,与实验结果不能很好地吻合。Uchida 等[76]建立了天然气水合物临界状态模型(MHCS model),考虑了体积屈服以及水合物对黏聚力、剪胀、刚度、应变软化和分解过程的影响,模拟结果较好。Miyazaki 等[74]考虑了水合物饱和度以及有效应力的影响,在 Duncan-Chang 模型的基础上建立了非线性弹性本构模型,在一定条件下能够较好地反映天然气水合物沉积物试样的应力应变曲线、侧向变形、初始剪切模量以及泊松比等。本书第 2 章也介绍了适用于高围压条件下天然气水合物沉积物的修正 Duncan-Chang 模型,该模型可以很好地模拟水合物沉积物的应力应变关系。天然气水合物沉积物的变形属于弹塑性变形,且其体积应变对评价天然气水合物储层的变形和沉降具有重要作用。然而,Duncan-Chang 模型不能反映天然气水合物沉积物的体积变形,常规的弹塑性本构模型假设屈服面内部是一个弹性域,也不能用来描述应力在屈服面内变化产生的塑性变形[190,191]。

为了更深入地了解天然气水合物沉积物的本构关系,进而评价天然气水合物储层在开采过程中的变形和沉降,本章介绍了一个适用于海底天然气水合物沉积物的弹塑性本构模型,此模型基于修正剑桥模型(Modified Cam-Clay model),结合次加载面(Subloading surface)理论[192],并考虑天然气水合物对沉积物黏聚力和剪胀的影响[76],可以反映有效围压、水合物饱和度等对天然气水合物沉积物应力应变曲线和体积应变曲线的影响,模拟结果较好。

# 7.1 本构模型介绍

## 7.1.1 修正剑桥模型简介

剑桥模型(Cam-Clay Model)是英国剑桥大学 Roscoe 等[193]根据正常固结黏土和弱超固结黏土的三轴实验结果,并依据相关联流动法则以及能量守恒方程提出的本构模型。他们首次提出了临界状态线、状态边界面、弹性墙等一系列物理概念,并将加工硬化规律应用到剑桥模型当中,考虑了静水压力屈服特性、压硬性、剪缩性,这标志着土体力学研究的第一次飞跃。然而,剑桥模型的破坏面存在尖角,在该点的塑性应变方向不容易确定,且在其假定的弹性墙内加载仍会产生塑性变形[194]。后来,Roscoe 和 Burland 又进一步修正了剑桥模型,认为剑桥模型的屈服面为椭圆,即众所周知的修正剑桥模型(Modified Cam-Clay model)[195]。以下简要介绍由修正剑桥模型导出的应力应变关系。

(1)弹性应力应变关系

根据弹塑性理论,材料的应变包括弹性应变(可逆变形)和塑性应变(不可逆变形)。图 7.1 所示为材料的应力应变曲线,从该图中可以看到材料的总应变 $\varepsilon$ 包括弹性应变 $\varepsilon^e$ 和塑性应变 $\varepsilon^p$。同理,材料的总体积应变 $\varepsilon_v$ 包括弹性体积应变 $\varepsilon_v^e$ 和塑性体积应变 $\varepsilon_v^p$。具体关系如下所示:

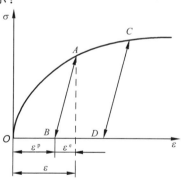

图 7.1　材料的应力应变曲线

Fig. 7.1　Stress-strain curve of material

$$\varepsilon = \varepsilon^e + \varepsilon^p \tag{7.1}$$

$$\varepsilon_v = \varepsilon_v^e + \varepsilon_v^p \tag{7.2}$$

或

$$d\varepsilon = d\varepsilon^e + d\varepsilon^p \tag{7.3}$$

$$d\varepsilon_v = d\varepsilon_v^e + d\varepsilon_v^p \tag{7.4}$$

修正剑桥模型假定土体弹性体积应力应变与剪切应力应变关系不耦合，根据胡克定律(Hooke's law)可获得土体的弹性应力应变本构关系，表示为

$$d\varepsilon^e = \frac{1}{3G}dq \tag{7.5}$$

$$d\varepsilon_v^e = \frac{1}{K}dp' \tag{7.6}$$

矩阵形式表示为

$$\left\{ \begin{array}{c} d\varepsilon_v^e \\ d\varepsilon^e \end{array} \right\} = \begin{bmatrix} \dfrac{1}{K} & 0 \\ 0 & \dfrac{1}{3G} \end{bmatrix} \left\{ \begin{array}{c} dp' \\ dq \end{array} \right\} \tag{7.7}$$

式中，$K$ 为体积模量；$G$ 为剪切模量；$p'$ 为平均有效体积应力，在轴对称条件下 $p' = \dfrac{\sigma_{11} + 2\sigma_{33}}{3}$；$q$ 为偏应力，反映复杂应力条件下土体受剪的程度，在轴对称条件下 $q = \sigma_{11} - \sigma_{33}$。

(2)屈服面

$p' \sim q$ 平面修正剑桥模型屈服面为过原点的椭圆(图 7.2)，屈服面方程为

$$f = p'^2 - p'p_0' + \frac{q^2}{M^2} = 0 \tag{7.8}$$

式中，$M$ 为 $p' \sim q$ 平面上破坏线的斜率，对于摩擦类的材料 $M =$ $\dfrac{6\sin\varphi'}{3 - \sin\varphi'}$，$\varphi'$ 为材料的有效内摩擦角。

屈服面方程的微分形式（一致性条件）为

$$\frac{\partial f}{\partial p'}\mathrm{d}p' + \frac{\partial f}{\partial q}\mathrm{d}q + \frac{\partial f}{\partial p'_0}\mathrm{d}p'_0 = 0 \tag{7.9}$$

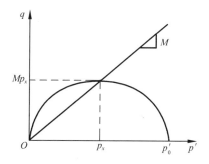

图 7.2　修正剑桥模型屈服面

Fig. 7.2　Yielding surface of Modified Cam-Clay Model

（3）流动法则

修正剑桥模型采用相关联流动法则，即屈服面与塑性势面重合（$f = g$），表示为

$$\mathrm{d}\varepsilon_v^p = \Lambda\,\frac{\partial g}{\partial p'} = \Lambda\,\frac{\partial f}{\partial p'} \tag{7.10}$$

$$\mathrm{d}\varepsilon^p = \Lambda\,\frac{\partial g}{\partial q} = \Lambda\,\frac{\partial f}{\partial q} \tag{7.11}$$

式中，$\Lambda$ 为比例因子。

（4）硬化规律

修正剑桥模型采用体积硬化规律，屈服面的大小只和体积应变增量相关，用硬化参数 $p'_0$ 表征屈服面的大小。从土的压缩和回

弹曲线(图 7.3)可以得到修正剑桥模型的硬化规律为

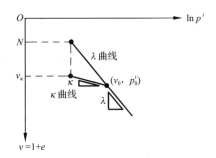

图 7.3　土的压缩和回弹曲线

Fig. 7.3　Compression and rebound curves of soil

$$d\varepsilon_v^p = \frac{\lambda - \kappa}{\nu}\frac{dp_0'}{p_0'} = \frac{\lambda - \kappa}{1 + e}\frac{dp_0'}{p_0'} \tag{7.12}$$

式中,$\lambda$ 为土的压缩系数;$\kappa$ 为土的膨胀系数/回弹系数;$e$ 为孔隙比。

(5)修正剑桥模型的应力应变关系

将体积硬化规律和相关联流动法则代入一致性条件,可以求得比例因子 $\Lambda$,即

$$\Lambda = -\frac{\dfrac{\partial f}{\partial p'}dp' + \dfrac{\partial f}{\partial q}dq}{\dfrac{\nu p_0'}{\lambda - \kappa}\dfrac{\partial f}{\partial p_0'}\dfrac{\partial f}{\partial p'}} \tag{7.13}$$

将获得的比例因子 $\Lambda$ 代入相关联流动法则,得到修正剑桥模型塑性应力应变关系式为

$$\left\{ \begin{array}{c} d\varepsilon_v^p \\ d\varepsilon^p \end{array} \right\} = \frac{\lambda - \kappa}{\nu(M^2 + \eta^2)} \begin{bmatrix} M^2 - \eta^2 & 2\eta \\ 2\eta & \dfrac{4\eta^2}{M^2 - \eta^2} \end{bmatrix} \left\{ \begin{array}{c} dp' \\ dq \end{array} \right\} \tag{7.14}$$

式中,$\eta = \dfrac{q}{p'}$。

综合弹性和塑性变形,即得到修正剑桥模型的应力应变关系。

### 7.1.2 次加载面理论简介

经典土力学弹塑性理论(包括修正剑桥模型)认为,岩土介质塑性应变只存在一个屈服面,并假定屈服面内的应力应变关系为弹性,卸载再加载过程不会产生塑性累积变形(参见图7.1)。然而,正常固结黏土在卸载后就处于超固结状态,其在再加载过程中仍具有塑性变形,并且会在加卸载循环中不断累积[196]。剑桥模型是基于正常固结实验推导出来的,$p' \sim q$ 平面上临界状态线通过应力坐标原点,不含有黏聚力项。同时,剑桥模型只适用于正常或弱超固结的黏土,不能描述超固结土的硬化、软化和剪胀等特性,以及应力路径的影响。随着弹塑性力学的不断发展,日本学者Hashiguchi提出了次加载面(Subloading surface)概念[192],能够较好地描述岩土的弹塑性应力应变关系。以下简要介绍次加载面理论的基本思想和假设。

(1)基本思想

次加载面理论假设在常规模型的屈服面内部存在一个与之保持几何相似的次加载面(以修正剑桥模型为例,参见图7.4),不管在加载还是在卸载状态下,此加载面始终通过当前应力点而扩大或缩小。塑性模量用次加载面与正常屈服面大小的比值 $R$ 来表示。不存在一个纯弹性域,塑性模量是连续变化的,能够描述加载过程中连续的应力增量和应变增量的关系,弹性到塑性也能够光滑地转变。同时,在加载准则中也不必判断应力是否达到了屈服面,因为应力始终在次加载面上。

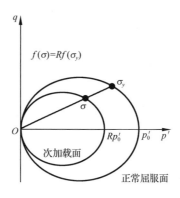

图 7.4　次加载面理论

Fig. 7.4　Subloading surface theory

(2)基本假设

①次加载面始终存在于正常屈服面内部,且它不管加载还是卸载都始终通过当前应力点而扩大或缩小。当发生弹塑性变形(加载)时,次加载面随着当前应力点扩大;当仅发生弹性变形(卸载)时,次加载面随着当前应力点缩小。

②次加载面与正常屈服面不仅形状相似,而且位置也相似,在加载过程中二者始终保持相同的朝向,不发生相对旋转。对于特定形状的正常屈服面和次加载面存在一个相似中心,且相似中心位于正常屈服面内。仅当发生弹塑性变形时相似中心发生移动,纯弹性变形时不移动。

③次加载面与正常屈服面大小的比值用相似比 $R$ 来表示,根据假设①,$R$ 的变化范围从 0 到 1。当发生塑性变形时,$R$ 增大并向 1 接近;当仅发生弹性变形时,$R$ 减小或保持不变。反之,可以通

过 $R$ 的变化判断材料发生塑性变形还是弹性变形。

④当 $R$ 等于 1 时,应力点位于正常屈服面上,此时次加载面与正常屈服面重合,说明次加载面模型并没有跳跃常规屈服面模型,可以将次加载面模型看作是常规屈服面模型的扩展和补充。

## 7.2　海底天然气水合物沉积物本构模型

天然气水合物在沉积物中的赋存形式主要有:①孔隙填充型(pore filling),天然气水合物颗粒填充在沉积物孔隙中,与土颗粒一样能够支承荷载[58],与不含天然气水合物的沉积物相比密度更大,性质与超固结土或密实土类似;②胶结型(cementing),天然气水合物使土颗粒之间发生胶结,性质与胶结土类似。因此,参考土力学弹塑性理论,可以在常规本构模型的基础上结合水合物的影响,获得适用于天然气水合物沉积物的本构模型。本书第 2 章到第 6 章的实验结果以及其他研究者的相关研究[21, 29, 34]表明:天然气水合物沉积物的强度和刚度随着水合物饱和度的增大而增大,且强度的增大主要体现为黏聚力的增大,内摩擦角受水合物饱和度影响较小。另外,随着水合物饱和度的增大,试样呈现出越来越明显的剪胀现象。为了描述天然气水合物对沉积物力学特性的影响,可以在修正剑桥模型的基础上,结合次加载面理论,然后考虑天然气水合物对沉积物剪胀和黏聚力的影响,利用实验研究获得的基础数据,进而建立适用于天然气水合物沉积物的弹塑性本构模型。

### 7.2.1 基本假设

根据天然气水合物沉积物力学特性实验结果[21,34,55,67, 68],结合土力学相关的本构模型[113,115,120,121],可以提出以下基本假设:

(1)天然气水合物沉积物的变形为弹塑性,并且为连续的各向同性材料。

(2)天然气水合物沉积物的总应变为弹性应变和塑性应变的线性和。

(3)采用相关联流动法则计算天然气水合物沉积物的塑性应变增量。

(4)在修正剑桥模型的基础上,引入次加载面理论描述天然气水合物沉积物的弹塑性变形。

(5)天然气水合物对沉积物的影响主要体现在对剪胀和黏聚力的影响,通过导入相关硬化系数对修正剑桥模型进行扩展,获得天然气水合物沉积物的屈服面方程。

### 7.2.2 本构方程诱导

(1)弹塑性应力应变关系及流动法则

天然气水合物沉积物在荷载作用下的变形为弹塑性变形。根据弹塑性理论,材料的应变分为弹性应变和塑性应变[194,195],其中,弹性应变的增量表达式如式(7.7)所示,塑性应变的增量表达式可表示如下:

$$\begin{Bmatrix} d\varepsilon_v^p \\ d\varepsilon^p \end{Bmatrix} = \begin{bmatrix} \Lambda & 0 \\ 0 & \Lambda \end{bmatrix} \begin{bmatrix} \dfrac{\partial g}{\partial p'} \\ \dfrac{\partial g}{\partial q} \end{bmatrix} = \frac{1}{H} \begin{bmatrix} \dfrac{\partial f}{\partial p'}\dfrac{\partial g}{\partial p'} & \dfrac{\partial f}{\partial q}\dfrac{\partial g}{\partial p'} \\ \dfrac{\partial f}{\partial p'}\dfrac{\partial g}{\partial q} & \dfrac{\partial f}{\partial q}\dfrac{\partial g}{\partial q} \end{bmatrix} \begin{Bmatrix} dp' \\ dq \end{Bmatrix} \quad (7.15)$$

综合式(7.7)和式(7.15),得到材料的弹塑性应力应变关系式为

$$\begin{Bmatrix} d\varepsilon_v \\ d\varepsilon \end{Bmatrix} = \begin{Bmatrix} d\varepsilon_v^e \\ d\varepsilon^e \end{Bmatrix} + \begin{Bmatrix} d\varepsilon_v^p \\ d\varepsilon^p \end{Bmatrix} = \begin{bmatrix} \dfrac{1}{K} + \dfrac{1}{H}\dfrac{\partial f}{\partial p'}\dfrac{\partial g}{\partial p'} & \dfrac{1}{H}\dfrac{\partial f}{\partial q}\dfrac{\partial g}{\partial p'} \\ \dfrac{1}{H}\dfrac{\partial f}{\partial p'}\dfrac{\partial g}{\partial q} & \dfrac{1}{3G} + \dfrac{1}{H}\dfrac{\partial f}{\partial q}\dfrac{\partial g}{\partial q} \end{bmatrix} \begin{Bmatrix} dp' \\ dq \end{Bmatrix}$$

$$(7.16)$$

式中,$H$ 为硬化系数(塑性系数),其表达式为

$$H = \frac{\dfrac{\partial f}{\partial p'}dp' + \dfrac{\partial f}{\partial q}dq}{\Lambda} \quad (7.17)$$

采用相关联流动法则,则天然气水合物沉积物的应力应变关系如下所示

$$\begin{Bmatrix} d\varepsilon_v \\ d\varepsilon \end{Bmatrix} = \begin{Bmatrix} d\varepsilon_v^e \\ d\varepsilon^e \end{Bmatrix} + \begin{Bmatrix} d\varepsilon_v^p \\ d\varepsilon^p \end{Bmatrix} = \begin{bmatrix} \dfrac{1}{K} + \dfrac{1}{H}\dfrac{\partial f}{\partial p'}\dfrac{\partial f}{\partial p'} & \dfrac{1}{H}\dfrac{\partial f}{\partial q}\dfrac{\partial f}{\partial p'} \\ \dfrac{1}{H}\dfrac{\partial f}{\partial p'}\dfrac{\partial f}{\partial q} & \dfrac{1}{3G} + \dfrac{1}{H}\dfrac{\partial f}{\partial q}\dfrac{\partial f}{\partial q} \end{bmatrix} \begin{Bmatrix} dp' \\ dq \end{Bmatrix}$$

$$(7.18)$$

(2)屈服面

修正剑桥模型的屈服面方程见式(7.8)。由相关联流动法则可知,其屈服面与塑性势面重合($f = g$),即

$$f = g = q^2 + M^2 p'(p' - p_0') \quad (7.19)$$

当考虑天然气水合物对沉积物剪胀特性的影响时,通过在屈服面方程中引入硬化参数 $p'_d$ 来描述[76],其在 $p' \sim q$ 平面上的屈服面如图 7.5 所示。此时,屈服面方程为

$$f = q^2 + M^2 p' [p' - (p'_0 + p'_d)] \qquad (7.20)$$

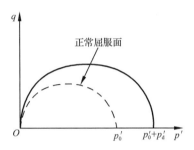

图 7.5 剪胀对修正剑桥模型屈服面的影响

Fig. 7.5 Effect of dilation on the yielding surface of Modified Cam-Clay Model

当考虑天然气水合物对沉积物黏聚力的影响时,通过在屈服面方程中引入硬化参数 $p'_c$ 使屈服面均匀地扩大(图 7.6),增加了沉积物强度的同时,不影响沉积物的剪胀特性[76]。其屈服面方程为

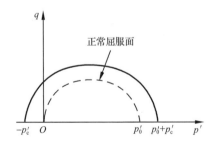

图 7.6 黏聚力对修正剑桥模型屈服面的影响

Fig. 7.6 Effect of cohesion on the yielding surface of Modified Cam-Clay Model

$$f = q^2 + M^2 (p' + p'_c) [p' - (p'_0 + p'_c)] \qquad (7.21)$$

当同时考虑天然气水合物对沉积物剪胀和黏聚力的影响时，可以将式(7.20)和式(7.21)合并，得到适用于天然气水合物沉积物的修正剑桥模型，其 $p' \sim q$ 平面内的屈服面如图 7.7 所示，屈服面方程为

$$f = q^2 + M^2(p' + p'_c)[p' - (p'_0 + p'_c + p'_d)] \qquad (7.22)$$

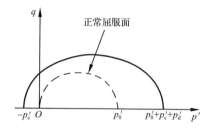

图 7.7　剪胀和黏聚力对修正剑桥模型屈服面的影响

Fig. 7.7　Effects of dilation and cohesion on the yielding surface of Modified Cam-Clay Model

相关研究表明，即使在屈服面内加载也会产生塑性变形[194]。为了更好地描述材料的弹塑性变形、实现弹性变形与塑性变形的光滑过渡，引入了次加载面的概念。此时，根据图 7.4 所示的比例关系，天然气水合物沉积物在 $p' \sim q$ 平面内的屈服面转变成如图 7.8 所示，屈服面方程为

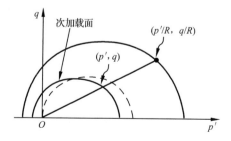

图 7.8　天然气水合物沉积物屈服面

Fig. 7.8　Yielding surface of methane hydrate-bearing sediments

$$f = q^2 + M^2(p' + Rp'_c)[p' - R(p'_0 + p'_c + p'_d)] \quad (7.23)$$

在塑性加载过程中,次加载面逐渐靠近正常屈服面,$R$ 的值单调增加,其演变规律为

$$dR = U_R \times \parallel d\varepsilon^p_{ij} \parallel \quad (7.24)$$

式中,$d\varepsilon^p_{ij}$ 为三维空间里的塑性应变增量;$U_R$ 为 $R$ 的单调递减函数,$u$ 为材料系数,如图 7.9 所示。

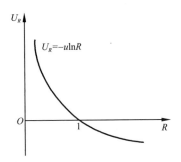

$U_R$

$U_R = -u\ln R$

$O$   1   $R$

图 7.9　$U_R$ 与相似比 $R$ 的关系图

Fig. 7.9　Relationship between $U_R$ and $R$

从图 7.9 中可以发现,$U_R$ 与 $R$ 满足如下关系

$$\begin{cases} R = 0 : U_R = +\infty \\ 0 < R < 1 : U_R > 0 \\ R = 1 : U_R = 0 \\ R > 0 : U_R < 0 \end{cases} \quad (7.25)$$

根据定义,可以得到

$$\parallel d\varepsilon^p_{ij} \parallel = (d\varepsilon^p_{ij} \times d\varepsilon^p_{ij})^{\frac{1}{2}} =$$

$$\left( \begin{bmatrix} d\varepsilon^p_{11} & 0 & 0 \\ 0 & d\varepsilon^p_{22} & 0 \\ 0 & 0 & d\varepsilon^p_{33} \end{bmatrix} \begin{bmatrix} d\varepsilon^p_{11} & 0 & 0 \\ 0 & d\varepsilon^p_{22} & 0 \\ 0 & 0 & d\varepsilon^p_{33} \end{bmatrix} \right)^{\frac{1}{2}} =$$

$$(\mathrm{d}\varepsilon_{11}^{\mathrm{p}} \times \mathrm{d}\varepsilon_{11}^{\mathrm{p}} + \mathrm{d}\varepsilon_{22}^{\mathrm{p}} \times \mathrm{d}\varepsilon_{22}^{\mathrm{p}} + \mathrm{d}\varepsilon_{33}^{\mathrm{p}} \times \mathrm{d}\varepsilon_{33}^{\mathrm{p}})^{\frac{1}{2}} \qquad (7.26)$$

在轴对称条件下，$\mathrm{d}\varepsilon_{22}^{\mathrm{p}} = \mathrm{d}\varepsilon_{33}^{\mathrm{p}}$，将其代入式(7.26)，得到

$$\| \mathrm{d}\varepsilon_{ij}^{\mathrm{p}} \| = \left[(\mathrm{d}\varepsilon_{11}^{\mathrm{p}})^2 + 2(\mathrm{d}\varepsilon_{33}^{\mathrm{p}})^2\right]^{\frac{1}{2}} \qquad (7.27)$$

将式(7.10)和式(7.27)代入式(7.24)，再根据相关联流动法则得到

$$\mathrm{d}R = U_R \times \left[(\mathrm{d}\varepsilon_{11}^{\mathrm{p}})^2 + 2(\mathrm{d}\varepsilon_{33}^{\mathrm{p}})^2\right]^{\frac{1}{2}} = U_R \times \Lambda \left[\left(\frac{\partial f}{\partial \sigma_{11}}\right)^2 + 2\left(\frac{\partial f}{\partial \sigma_{33}}\right)^2\right]^{\frac{1}{2}}$$
$$(7.28)$$

（3）硬化规律

根据式(7.12)及相关联流动法则，可以得到

$$\mathrm{d}p_0' = \frac{1+e}{\lambda - \kappa}p_0' \mathrm{d}\varepsilon_{\mathrm{v}}^{\mathrm{p}} = \frac{1+e}{\lambda - \kappa}p_0' \Lambda \frac{\partial f}{\partial p'} \qquad (7.29)$$

$p_{\mathrm{c}}'$ 和 $p_{\mathrm{d}}'$ 是本章引入的用来描述天然气水合物对沉积物黏聚力和剪胀影响的硬化参数，其初始值受天然气水合物饱和度及赋存状态的影响，并随着天然气水合物沉积物试样塑性变形的变化而变化，是与试样内部损伤程度有关的量。根据相关文献[197]，将二者的演变规律定义为塑性功 $\mathrm{d}W_{\mathrm{p}}$ 的函数，即

$$\mathrm{d}p_{\mathrm{c}}' = -\chi \times p_{\mathrm{c}}' \Lambda \times \mathrm{d}W_{\mathrm{p}} = -\chi \times p_{\mathrm{c}}' \Lambda \left[\left(\frac{\partial f}{\partial p'}\right)^2 + M^2\left(\frac{\partial f}{\partial q}\right)^2\right]^{\frac{1}{2}}$$
$$(7.30)$$

$$\mathrm{d}p_{\mathrm{d}}' = -\gamma \times p_{\mathrm{c}}' \Lambda \times \mathrm{d}W_{\mathrm{p}} = -\gamma \times p_{\mathrm{d}}' \Lambda \left[\left(\frac{\partial f}{\partial p'}\right)^2 + M^2\left(\frac{\partial f}{\partial q}\right)^2\right]^{\frac{1}{2}}$$
$$(7.31)$$

式中，$\chi$ 和 $\gamma$ 分别为描述天然气水合物沉积物内部损伤程度对黏聚力和剪胀影响的系数。从式(7.30)和式(7.31)中可以发现，当

$p'_c = 0$ 和 $p'_d = 0$ 时, $dp'_c = 0$ 和 $dp'_d = 0$; 当 $d\varepsilon^p_v = \Lambda \dfrac{\partial f}{\partial p'} \neq 0$ 或者 $d\varepsilon^p = \Lambda \dfrac{\partial f}{\partial q} \neq 0$ 时, $dp'_c < 0$, $dp'_d < 0$; 结果符合本章的假设。

将式(7.23)转换形式,得到

$$(p' + Rp'_c)\left\{1 + \left[\frac{q}{M(p' + Rp'_c)}\right]^2\right\} = R(p'_0 + p'_d + 2p'_c) \tag{7.32}$$

令 $f_1 = (p' + Rp'_c)\left\{1 + \left[\dfrac{q}{M(p' + Rp'_c)}\right]^2\right\}$,且对式(7.32)两边同时微分,得到

$$\frac{\partial f_1}{\partial p'}dp' + \frac{\partial f_1}{\partial q}dq + \frac{\partial f_1}{\partial p'_c}dp'_c + \frac{\partial f_1}{\partial R}dR =$$
$$dR(p'_0 + p'_d + 2p'_c) + R(dp'_0 + dp'_d + 2dp'_c) \tag{7.33}$$

式中, $\dfrac{\partial f_1}{\partial p'} = \dfrac{\partial f}{\partial p'}$, $\dfrac{\partial f_1}{\partial q} = \dfrac{\partial f}{\partial q}$。

将式(7.28)~式(7.31)代入到式(7.33),可以得到比例因子 $\Lambda$ 和硬化系数 $H$ 的表达式为

$$\Lambda = \left(\frac{\partial f}{\partial p'}dp' + \frac{\partial f}{\partial q}dq\right) \cdot \left\{U_R\left[\left(\frac{\partial f}{\partial \sigma_{11}}\right)^2 + 2\left(\frac{\partial f}{\partial \sigma_{33}}\right)^2\right]^{\frac{1}{2}} \cdot\right.$$
$$\left(p'_0 + p'_d + 2p'_c - \frac{\partial f_1}{\partial R}\right) + R\frac{1+e}{\lambda - \kappa}p'_0\frac{\partial f}{\partial p'} -$$
$$\left.\left[\chi p'_c\left(2R - \frac{\partial f_1}{\partial p'_c}\right) + \gamma R p'_d\right]\left[\left(\frac{\partial f}{\partial p'}\right)^2 + M^2\left(\frac{\partial f}{\partial q}\right)^2\right]^{\frac{1}{2}}\right\}^{-1} \tag{7.34}$$

$$H = U_R\left[\left(\frac{\partial f}{\partial \sigma_{11}}\right)^2 + 2\left(\frac{\partial f}{\partial \sigma_{33}}\right)^2\right]^{\frac{1}{2}}\left(p'_0 + p'_d + 2p'_c - \frac{\partial f_1}{\partial R}\right) +$$

$$R\frac{1+e}{\lambda-\kappa}p_0'\frac{\partial f}{\partial p'}-\left[\chi p_c'\left(2R-\frac{\partial f_1}{\partial p_c'}\right)+\gamma R p_d'\right]\left[\left(\frac{\partial f}{\partial p'}\right)^2+M^2\left(\frac{\partial f}{\partial q}\right)^2\right]^{\frac{1}{2}}$$

$$(7.35)$$

令 $\eta^*=\dfrac{q}{p'+Rp_c'}$，计算式(7.34)和式(7.35)中相应的微分，结果如下：

$$\frac{\partial f}{\partial p'}=1-\left(\frac{\eta^*}{M}\right)^2 \tag{7.36}$$

$$\frac{\partial f}{\partial q}=\frac{2q}{M^2(p'+Rp_c')}=\frac{2\eta^*}{M^2} \tag{7.37}$$

$$\frac{\partial f_1}{\partial p_c'}=R\left[1-\left(\frac{\eta^*}{M}\right)^2\right] \tag{7.38}$$

$$\frac{\partial f_1}{\partial R}=p_c'\left[1-\left(\frac{\eta^*}{M}\right)^2\right] \tag{7.39}$$

在轴对称的条件下，$p'=\dfrac{\sigma_{11}+2\sigma_{33}}{3}$，$q=\sigma_{11}-\sigma_{33}$，此时可以得到

$$\begin{cases}\dfrac{\partial p'}{\sigma_{11}}=\dfrac{1}{3}\\[2mm]\dfrac{\partial q}{\sigma_{11}}=1\\[2mm]\dfrac{\partial p'}{\sigma_{33}}=\dfrac{2}{3}\\[2mm]\dfrac{\partial q}{\sigma_{33}}=-1\end{cases} \tag{7.40}$$

将式(7.40)代入相关公式，得到：

$$\frac{\partial f}{\partial \sigma_{11}}=\frac{\partial f}{\partial p'}\frac{\partial p'}{\partial \sigma_{11}}+\frac{\partial f}{\partial q}\frac{\partial q}{\partial \sigma_{11}}=\frac{M^2-\eta^{*2}+6\eta^*}{3M^2} \tag{7.41}$$

$$\frac{\partial f}{\partial \sigma_{33}} = \frac{\partial f}{\partial p'}\frac{\partial p'}{\partial \sigma_{33}} + \frac{\partial f}{\partial q}\frac{\partial q}{\partial \sigma_{33}} = \frac{2M^2 - 2\eta^{*2} - 6\eta^*}{3M^2} \quad (7.42)$$

下面,对一些常用参数 $K$、$G$、$M$ 的计算做一些简要介绍。

从材料的压缩回弹曲线可以获得弹性模量 $K$ 与回弹系数 $\kappa$ 的关系式(参见图 7.3)

$$d\varepsilon_v^e = \frac{\kappa}{1+e}\frac{dp'}{p'} \quad (7.43)$$

综合式(7.6),得到

$$K = \frac{1+e}{\kappa}p' \quad (7.44)$$

剪切模量 $G$ 可用如下公式表示为

$$G = \frac{3(1-2v)K}{2(1+v)} \quad (7.45)$$

式中,$v$ 为材料的泊松比,可以用土的侧压力系数/静止土压力系数 $K_0$ 表示,即

$$v = \frac{K_0}{1+K_0} \quad (7.46)$$

静止土压力系数 $K_0$ 与有效内摩擦角 $\varphi'$ 的关系式为

$$K_0 = 1 - \sin\varphi' \quad (7.47)$$

式中,有效内摩擦角 $\varphi'$ 可以由临界应力比 $M$ 计算得到

$$\varphi' = \frac{\tan^{-1}\left(\frac{3M}{6+M}\right)}{\sqrt{-\left(\frac{3M}{6+M}\right)^2 + 1}} \quad (7.48)$$

### 7.2.3  本构方程验证及参数的确定

如 7.2.2 小节所述,本书建立的天然气水合物沉积物本构方

程涉及的参数主要有 $\lambda$、$\kappa$、$M$、$u$、$\chi$、$\gamma$、$p_0'$、$p_{ci}'$、$p_{di}'$，表 7.1 列出了相关本构模型参数。

表 7.1　　　　　　　　　　　本构模型参数

Tab. 7.1　　**Parameters of the proposed constitutive model**

| 参数 | 意义 |
|---|---|
| $\lambda$ | $e-\ln p'$ 空间正常压缩曲线的斜率 |
| $\kappa$ | $e-\ln p'$ 空间回弹曲线的斜率 |
| $M$ | 临界应力比 |
| $u$ | 规定塑性应变增量大小的参数 |
| $\chi$ | 规定材料内部损伤程度的参数 |
| $\gamma$ | 规定材料内部损伤程度的参数 |
| $p_0'$ | 砂土的硬化系数 |
| $p_{ci}'$ | 硬化参数 $p_c'$ 的初始值 |
| $p_{di}'$ | 硬化参数 $p_d'$ 的初始值 |

（1）参数 $\lambda$、$\kappa$、$p_0'$ 的确定

图 7.10 所示为参数 $\lambda$、$\kappa$、$p_0'$ 的确定方法，相关曲线可以通过压密和卸载实验获得。从该图中可以看到，$\lambda$ 为正常压缩曲线的斜率，$\kappa$ 为回弹曲线的斜率。在修正剑桥模型中，$p_0'$ 为变量，每一个变量对应一个屈服面，$p_0'$ 增加，代表屈服面的扩展，因此 $p_0'$ 在一定程度上反映了材料的硬化。在修正剑桥模型的推导中，塑性体积应变 $\varepsilon_v^p$ 为硬化参数，因此 $p_0'$ 是 $\varepsilon_v^p$ 的函数，由体积压缩应变与孔隙比的关系 $\varepsilon_v = -\dfrac{\Delta e}{1+e_i}$（参见图 7.10），可以得到

$$p_0' = p_i' \exp\left(\frac{1+e_i}{\lambda-\kappa}\varepsilon_v^p\right) \tag{7.49}$$

式中，$p_i'$、$e_i$ 分别为基准平均有效应力和基准孔隙比。

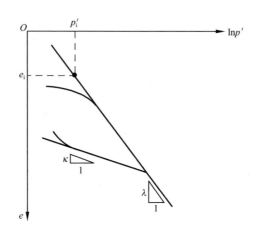

图 7.10 参数 $\lambda$、$\kappa$、$p_0'$ 的确定方法

Fig. 7.10 The method of determination of $\lambda$, $\kappa$, $p_0'$

(2)临界应力比 $M$ 的确定

如图 7.2 所示,修正剑桥模型中临界应力比 $M$ 的值与体积应

变 $d\varepsilon_v = 0$ 时的应力比 $\eta = \dfrac{q}{p'}$ 相等,此时可通过不含天然气水合物沉

积物的排水三轴压缩实验获得临界应力比 $M$。一般条件下,我们

认为天然气水合物沉积物与不含天然气水合物沉积物的临界应力

比 $M$ 相同。在天然气水合物沉积物中,临界应力比 $M$ 的值与

$d\varepsilon_v = 0$ 时的广义应力比 $\eta^* = \dfrac{q}{p' + Rp_c'}$ 相等,在一定条件下可通过非

排水三轴压缩实验获得近似数据。

(3)参数 $u$ 的确定

$u$ 是次加载面与正常屈服面的相似比 $R$ 演化规律里的系数,

在一定程度上会影响天然气水合物沉积物正常压缩曲线的形状,

其在 $e - \ln p'$ 平面内的影响规律如图 7.11 所示。从该图中可以看

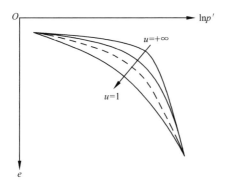

图 7.11　参数 $u$ 对土体塑性变形的影响

Fig. 7.11　Effect of parameter $u$ on the plastic formation of soil

到,当 $u$ 较小时,材料的塑性应变增量在小应力域和大应力域内的变化不大,能够平缓地过渡;而当 $u$ 较大时,材料的塑性应变增量在大应力域内明显大于在小应力域内。在选取参数时,可以通过材料的压密实验获得相应的正常压缩曲线,再根据曲线的弯曲程度决定 $u$ 的值。

(4)参数 $\chi$、$\gamma$ 的确定

$\chi$、$\gamma$ 为评估材料内部应力损伤的参数,根据天然气水合物沉积物三轴实验结果选取合适参数,使模型得到的应力应变曲线能够较好地反映实验曲线。

(5)参数 $p'_{ci}$、$p'_{di}$ 的确定

硬化参数 $p'_c$、$p'_d$ 是与水合物饱和度相关的量,分别代表天然气水合物对沉积物黏聚力和剪胀特性的影响。在本章中,$p'_{ci}$、$p'_{di}$ 可用如下公式得到:

$$p'_{ci} = a(S_{mh})^b \qquad (7.50)$$

$$p'_{di} = c(S_{mh})^d \qquad (7.51)$$

式中,$a$、$b$、$c$、$d$ 为材料常数,描述天然气水合物饱和度对硬化参数 $p'_c$、$p'_d$ 的影响,并可根据天然气水合物沉积物三轴实验结果获得相关参数。

(6)本构模型的验证

图 7.12 所示为本构模型预测应力应变曲线分别与 Hyodo 等[34,198]获得的水饱和与气饱和天然气水合物丰浦砂试样三轴压缩实验数据对比结果,具体参数见表 7.2。从图 7.12 中可以发现,此弹塑性本构模型能够较较好地反映天然气水合物对沉积物强度、剪胀、刚度等的影响,相比于柔量可变模型、修正 Duncan-Chang 模型等其他天然气水合物沉积物本构模型[72-76],可以更好地描述天然气水合物沉积物的体积应变特性(参见图 1.29～图 1.32),在一定条件下可以作为天然气水合物安全开采及工程设计施工的参考。

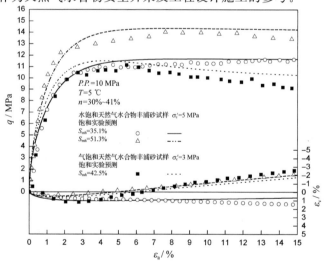

图 7.12　模型与实验数据对比

Fig. 7.12　Comparison of the proposed model and experimental data

**表 7.2**　　　　　　　　　　　**本构模型相关参数**

Tab. 7.2　Relevant parameters of the proposed constitutive model

| 参数 | 水饱和天然气水合物丰浦砂试样 | 气饱和天然气水合物丰浦砂试样 |
|------|------------------------------|------------------------------|
|      | 数值 | 数值 |
| $\lambda$ | 0.146 | 0.146 |
| $\kappa$ | 0.0016 | 0.0016 |
| $M$ | 1.2 | 1.2 |
| $u$ | 8 | 15 |
| $\chi$ | 0.1 | 10 |
| $\gamma$ | 0.1 | 10 |
| $p'_i$ | 1.2 | 1.2 |
| $e_i$ | 0.973 | 0.973 |
| $a$ | 12.1 | 12.1 |
| $b$ | 2.74 | 2.74 |
| $c$ | 15 | 15 |
| $d$ | 0.5 | 0.5 |
| $S_{mh}$ | 35.1%、51.3% | 42.5% |

# 参 考 文 献

［1］刘广志. 天然气水合物——未来新能源及其勘探开发难度［J］. 自然杂志. 2005，27(5)：258-263.

［2］Lee S Y, Holder G D. Methane hydrates potential as a future energy source［J］. Fuel Processing Technology. 2001，71(1-3)：181-186.

［3］李栋梁，樊栓狮. 天然气水合物资源开采方法研究［J］. 化工学报. 2003，54(增刊)：108-112.

［4］Dawe R A, Thomas S. A large potential methane source-Natural gas hydrates［J］. Energy Sources，Part A：Recovery, Utilization, and Environmental Effects. 2007，29(3)：217-229.

［5］Milkov A V. Global estimates of hydrate-bound gas in marine sediments：how much is really out there? ［J］. Earth-Science Reviews. 2004，66(3-4)：183-197.

［6］Kvenvolden K A, Ginsburg G D, Soloviev V A. Worldwide distribution of subaquatic gas hydrates［J］. Geo-Marine Letters. 1993，13(1)：32-40.

［7］许红，刘守全，王建桥，等. 国际天然气水合物调查研究现状及其主要技术构成［J］. 海洋地质动态. 2000，16(11)：1-4.

［8］Boswell R, Collett T S. Current perspectives on gas hydrate resources ［J］. Energy & Environmental Science. 2011，4(4)：1206-1215.

［9］Kennett J P. Report of the methane hydrate advisory committee on methane hydrate issues and opportunities，including assessment of uncertainty of the impact of methane hydrate on global climate change［R］，US Department of Energy. 2002.

［10］祝有海，刘亚玲，张永勤. 祁连山多年冻土区天然气水合物的形成条件 ［J］. 地质通报. 2006，25(1-2)：58-63.

［11］吴时国，姚根顺，董冬冬，等. 南海北部陆坡大型气田区天然气水合物的成藏地质构造特征［J］. 石油学报. 2008，29(3)：324-328.

［12］张洪涛，张海启，祝有海. 中国天然气水合物调查研究现状及其进展［J］.

中国地质. 2007, 34(6): 953-961.

[13] 徐华宁,杨胜雄,郑晓东,等. 中国南海神狐海域天然气水合物地震识别及分布特征[J]. 地球物理学报. 2010, 53(7): 1691-1698.

[14] Sloan E D. Gas hydrates: Review of physical/chemical properties[J]. Energy & Fuels. 1998, 12(2): 191-196.

[15] Charlou J L, Donval J P, Fouquet Y, et al. Physical and chemical characterization of gas hydrates and associated methane plumes in the Congo - Angola Basin[J]. Chemical Geology. 2004, 205(3 - 4): 405-425.

[16] Gabitto J F, Tsouris C. Physical Properties of Gas Hydrates: A Review [J]. Journal of Thermodynamics. 2010, Article ID 271291.

[17] Archer D. Methane hydrate stability and anthropogenic climate change [J]. Biogeosciences. 2007, 4(4): 521-544.

[18] Glasby G P. Potential impact on climate of the exploitation of methane hydrate deposits offshore[J]. Marine and Petroleum Geology. 2003, 20 (2): 163-175.

[19] Wood W T, Gettrust J F, Chapman N R, et al. Decreased stability of methane hydrates in marine sediments owing to phase-boundary roughness[J]. Nature. 2002, 420(6916): 656-660.

[20] Nixon M F. Influence of gas hydrates on submarine slope stability[D]. Calgary: University of Calgary, 2005.

[21] Miyazaki K, Masui A, Sakamoto Y, et al. Triaxial compressive properties of artificial methane-hydrate-bearing sediment[J]. Journal of Geophysical Research-Solid Earth. 2011, 116(B06102).

[22] Waite W F, Winters W J, Mason D H. Methane hydrate formation in partially water-saturated Ottawa sand[J]. American Mineralogist. 2004, 89(8-9): 1202-1207.

[23] Priest J A, Rees E V, Clayton C R. Influence of gas hydrate morphology on the seismic velocities of sands[J]. Journal of Geophysical Research: Solid Earth. 2009, 114(B11205).

[24] Sloan E D. Fundamental principles and applications of natural gas hydrates[J]. Nature. 2003, 426(6964): 353-359.

[25] 李洋辉,宋永臣,刘卫国. 天然气水合物三轴压缩试验研究进展[J]. 天然气勘探与开发. 2010,33(2):51-55.

[26] 佘义兵,宁伏龙,蒋国盛,等. 纯水合物力学性质研究进展[J]. 力学进展. 2012,42(3):347-358.

[27] Rutqvist J, Moridis G J, Grover T, et al. Geomechanical response of permafrost-associated hydrate deposits to depressurization-induced gas production[J]. Journal of Petroleum Science and Engineering. 2009, 67 (1-2):1-12.

[28] Ning F, Yu Y, Kjelstrup S, et al. Mechanical properties of clathrate hydrates: status and perspectives[J]. Energy & Environmental Science. 2012, 5(5):6779-6795.

[29] Hyodo M, Nakata Y, Yoshimoto N, et al. Basic research on the mechanical behavior of methane hydrate-sediments mixture[J]. Soils and foundations. 2005, 45(1):75-85.

[30] Aoki K, Ogata Y, Jiang Y. Compression strength and deformation behaviour of methane hydrate specimen[J]. Journal of the Mining and Materials Processing Institute of Japan. 2004, 120(12):645-652.

[31] Winters W J, Waite W F, Mason D H, et al. Methane gas hydrate effect on sediment acoustic and strength properties[J]. Journal of Petroleum Science and Engineering. 2007, 56(1-3):127-135.

[32] Masui A, Haneda H, Ogata Y, et al. Effects of methane hydrate formation on shear strength of synthetic methane hydrate sediments[C]. Proceedings of The Fifteenth International Offshore and Polar Engineering Conference , Seoul, Korea, 2005.

[33] Masui A, Haneda H, Ogata Y, et al. The effect of saturation degree of methane hydrate on the shear strength of synthetic methane hydrate sediments[C]. Proceedings of the Fifth International Conference on Gas Hydrates (ICGH 2005), Trondheim, Norway, 2005:364-369.

[34] Hyodo M, Yoneda J, Yoshimoto N, et al. Mechanical and dissociation properties of methane hydrate-bearing sand in deep seabed[J]. Soils and Foundations. 2013, 53(2):299-314.

[35] Yoneda J, Hyodo M, Nakata Y, et al. Localized deformation of methane hydrate-bearing sand by plane strain shear tests[C]. Proceedings of the 7th International Conference on Gas Hydrates (ICGH 2011), Edinburgh, Scotland, United Kingdom, 2011.

[36] Iwai H, Saimyou K, Kimoto S, et al. Development of a temperature and pressure controlled triaxial apparatus and dissociation tests of carbon dioxide hydrate containing soils[C]. The 15th Asian Regional Conference on Soil Mechanics and Geotechnical Engineering, Fukuoka, Kyushu, Japan, 2015: 518-521.

[37] Yoneda J, Masui A, Tenma N, et al. Triaxial testing system for pressure core analysis using image processing technique[J]. Review of Scientific Instruments. 2013, 84: 114503.

[38] Yoneda J, Masui A, Konno Y, et al. Mechanical behavior of hydrate-bearing pressure-core sediments visualized under triaxial compression[J]. Marine and Petroleum Geology. 2015, 66(Part 2): 451-459.

[39] Clayton C, Priest J A, Best A I. The effects of disseminated methane hydrate on the dynamic stiffness and damping of a sand[J]. Geotechnique. 2005, 55(6): 423-434.

[40] 张旭辉,鲁晓兵,王淑云,等. 四氢呋喃水合物沉积物静动力学性质试验研究[J]. 岩土力学. 2011, 32(S1): 303-308.

[41] Zhang W D, Ma Q T, Wang R H, et al. An experimental study of shear strength of gas-hydrate-bearing core samples[J]. Petroleum Science. 2011, 8(2): 177-182.

[42] Lu J, Li D, Liang D. Discussion on the mechanical behavior of gas hydrate sediments based on the drilling cores from the South China Sea by tri-axial compressive test[C]. Proceedings of the 8th International Conference on Gas Hydrates (ICGH 2014), Beijing, China, 2014.

[43] 李洋辉,宋永臣,于锋,等. 围压对含水合物沉积物力学特性的影响[J]. 石油勘探与开发. 2011, 38(5): 637-640.

[44] Li Y, Song Y, Liu W, et al. Experimental research on the mechanical properties of methane hydrate-ice mixtures[J]. Energies. 2012, 5(2):

181-192.

[45] Li Y, Song Y, Liu W, et al. Analysis of mechanical properties and strength criteria of methane hydrate-bearing sediments[J]. International Journal of Offshore and Polar Engineering. 2012, 22(4): 290-296.

[46] Li Y, Song Y, Yu F, et al. Experimental study on mechanical properties of gas hydrate-bearing sediments using kaolin clay[J]. China Ocean Engineering. 2011, 25(1): 113-122.

[47] Li Y, Zhao H, Yu F, et al. Investigation of the stress-strain and strength behavior of ice containing methane hydrate[J]. Journal of Cold Regions Engineering. 2012, 26(4): 149-159.

[48] 李清平, 宋永臣, 刘卫国, 等. 一种用于天然气水合物原位生成与分解的三轴试验装置: 中国, ZL201110002804.1[P]2013-05-29.

[49] 宋永臣, 李洋辉, 刘卫国, 等. 水合物沉积物原位生成与分解及其渗透率测量一体化装置: 中国, ZL 201110353136.7[P]2013-06-19.

[50] Waite W F, Helgerud M B, Nur A, et al. Laboratory measurements of compressional and shear wave speeds through methane hydrate[J]. Annals of the New York Academy of Sciences. 2000, 912(1): 1003-1010.

[51] Helgerud M B, Waite W F, Kirby S H, et al. Measured temperature and pressure dependence of Vp and Vs in compacted, polycrystalline sI methane and sII methane-ethane hydrate[J]. Canadian Journal of Physics. 2003, 81(1-2): 47-53.

[52] Priest J A, Best A I, Clayton C. Attenuation of seismic waves in methane gas hydrate-bearing sand[J]. Geophysical Journal International. 2006, 164(1): 149-159.

[53] Kingston E, Clayton C R I, Priest J, et al. Effect of grain characteristics on the behaviour of disseminated methane hydrate bearing sediments[C]. Proceedings of the 6th International Conference on Gas Hydrates (ICGH 2008), Vancouver, British Columbia, Canada, 2008.

[54] 张剑. 多孔介质中水合物饱和度与声波速度关系的实验研究[D]. 青岛: 中国海洋大学, 2008.

[55] Miyazaki K, Tenma N, Aoki K, et al. Effects of confining pressure on

mechanical properties of artificial methane-hydrate-bearing sediment in triaxial compression test[J]. International Journal of Offshore and Polar Engineering. 2011, 21(2): 148-154.

[56] Parameswaran V R, Paradis M, Handa Y P. Strength of frozen sand containing tetrahydrofuran hydrate[J]. Canadian Geotechnical Journal. 1989, 26(3): 479-483.

[57] Lee J Y, Yun T S, Santamarina J C, et al. Observations related to tetra-hydrofuran and methane hydrates for laboratory studies of hydrate-bearing sediments [J]. Geochemistry Geophysics Geosystems. 2007, 8 (6): Q6003.

[58] Yun T S, Santamarina J C, Ruppel C. Mechanical properties of sand, silt, and clay containing tetrahydrofuran hydrate[J]. Journal of Geophysical Research-Solid Earth. 2007, 112(B04106).

[59] Lu X B, Wang L, Wang S Y, et al. Study on the mechanical properties of the tetrahydrofuran hydrate deposit[J]. Proceedings of the Eighteenth (2008) International Offshore and Polar Engineering Conference. 2008, 1: 57-60.

[60] Cameron I, Handa Y P, Baker T H W. Compressive strength and creep behavior of hydrate-consolidated sand[J]. Canadian Geotechnical Journal. 1990, 27(2): 255-258.

[61] Durham W B, Kirby S H, Stern L A, et al. The strength and rheology of methane clathrate hydrate [J]. Journal of Geophysical Research. 2003, 108(B4): V1-V2.

[62] 张旭辉,王淑云,李清平,等. 天然气水合物沉积物力学性质的试验研究 [J]. 岩土力学. 2010, 31(10): 3069-3074.

[63] Hyodo M, Nakata Y, Yoshimoto N, et al. Bonding strength by methane hydrate formed among sand particles[J]. Powders and Grains 2009: Proceedings of the 6th International Conference on Micromechanics of Granular Media. 2009, 1145: 79-82.

[64] Masui A, Haneda H, Ogata Y, et al. Mechanical properties of sandy sediment containing marine gas hydrates in deep sea offshore Japan[C].

Proceedings of the Seventh (2007) ISOPE Ocean Mining (& Gas Hydrates) Symposium, Lisbon, Portugal, 2007:53-56.

[65] Aoki K, Masui A, Haneda H, et al. Compaction behavior of Toyoura sand during methane hydrate dissociation[C]. Proceedings of the Seventh (2007) ISOPE Ocean Mining (& Gas Hydrates) Symposium, Lisbon, Portugal, 2007:48-52.

[66] Grozic J L H. Undrained shear strength of methane hydrate-bearing sand: preliminarylaboratory results[C]. GEO2010: In the New West, Calgary, Alberta, Canada, 2010:459-466.

[67] Miyazaki K, Masui A, Aoki K, et al. Strain-rate dependence of triaxial compressive strength of artificial methane-hydrate-bearing sediment[J]. International Journal of Offshore and Polar Engineering. 2010, 20(4): 256-264.

[68] Miyazaki K, Masui A, Tenma N, et al. Study on mechanical behavior for methane hydrate sediment based on constant strain-rate test and un-loading-reloading test under triaxial compression[C]. International Journal of Offshore and Polar Engineering. 2010, 20(1): 61-67.

[69] Ebinuma T, Kamata Y, Minagawa H, et al. Mechanical properties of sandy sediment containing methane hydrate[C]. Proceedings of the Fifth International Conference on Gas Hydrates (ICGH 2005), Trondheim, Norway, 2005.

[70] Rees E V L, Kneafsey T J, Nakagawa S. Geomechanical properties of synthetic hydrate bearing sediments[C]. Proceedings of the 7th International Conference on Gas Hydrates (ICGH 2011), Edinburgh, Scotland, United Kingdom, 2011.

[71] Song Y, Yu F, Li Y, et al. Mechanical property of artificial methane hydrate under triaxial compression[J]. Journal of Natural Gas Chemistry. 2010, 9(3): 246-250.

[72] Yu F, Song Y, Liu W, et al. Analyses of stress strain behavior and constitutive model of artificial methane hydrate[J]. Journal of Petroleum Science and Engineering. 2011, 77(2): 183-188.

[73] Miyazaki K，Masui A，Haneda H，et al. Variable-compliance-type constitutive model for Toyoura sand containing methane hydrate[J]. Proceedings of the Seventh (2007) ISOPE Ocean Mining (& Gas Hydrates) Symposium. 2007；57-62.

[74] Miyazaki K，Aoki K，Tenma N，et al. A nonlinear elastic constitutive model for artificial methane-hydrate-bearing sediment[C]. Proceedings of the 7th International Conference on Gas Hydrates (ICGH 2011)，Edinburgh，Scotland，United Kingdom，2011.

[75] Sultan N，Garziglia S. Geomechanical constitutive modelling of gas-hydrate-bearing sediments[C]. Proceedings of the 7th International Conference on Gas Hydrates (ICGH 2011)，Edinburgh，Scotland，United Kingdom，2011.

[76] Uchida S，Soga K，Yamamoto K. Critical state soil constitutive model for methane hydrate soil [J]. Journal of Geophysical Research-Solid Earth. 2012，117(B03209).

[77] Pinkert S，Grozic J L H，Priest J A. Strain-softening model for hydrate-bearing sands [J]. International Journal of Geomechanics. 2015，(04015007).

[78] Sun X，Guo X，Shao L，et al. A thermodynamics-based critical state constitutive model for methane hydrate bearing sediment [J]. Journal of Natural Gas Science and Engineering. 2015，27：1024-1034.

[79] Jiang M J，Sun Y G，Yang Q J. A simple distinct element modeling of the mechanical behavior of methane hydrate-bearing sediments in deep seabed[J]. Granular Matter. 2013，15(2)：209-220.

[80] 蒋明镜,肖俞,朱方园. 深海能源土宏观力学性质离散元数值模拟分析[J]. 岩土工程学报. 2013，35(1)：157-163.

[81] 蒋明镜,贺洁,周雅萍. 考虑水合物胶结厚度的深海能源土粒间胶结模型研究[J]. 岩土力学. 2014，35(5)：1231-1240.

[82] Kreiter S，Feeser V，Kreiter M，et al. A distinct element simulation including surface tension – towards the modeling of gas hydrate behavior [J]. Computational Geosciences. 2007，11(2)：117-129.

[83] Brugada J, Cheng Y P, Soga K, et al. Discrete element modelling of geomechanical behaviour of methane hydrate soils with pore-filling hydrate distribution[J]. Granular Matter. 2010, 12(5): 517-525.

[84] Vinod J S, Hyodo M, Indraratna B, et al. Shear behaviour of methane hydrate bearing sand: DEM simulations[C]. Proceedings of the TC105 Issmge International Symposium on Geomechanics from Micro to Macro, Cambridge, UK, 2014:1326-1333.

[85] 俞祁浩, 徐学祖, 程国栋. 青藏高原多年冻土区天然气水合物的研究前景和建议[J]. 地球科学进展. 1999, 14(2): 100-103.

[86] 祝有海, 张永勤, 文怀军, 等. 青海祁连山冻土区发现天然气水合物[J]. 地质学报. 2009, 83(11): 1762-1771.

[87] 坚润堂, 李峰, 王造成. 青藏高原多年冻土区活动带天然气水合物异常特征[J]. 西南石油大学学报(自然科学版). 2009, 31(2): 13-17.

[88] 大连理工大学. DDW-600微机控制低温动态三轴试验机控制软件 V1.0 [CP/CD]著作权登记号:2012SR074874.

[89] Tsypkin G G. Mathematical model of the dissociation of gas hydrates coexisting with ice in natural reservoirs[J]. Fluid dynamics. 1993, 28(2): 223-229.

[90] Worthington P F. Petrophysical evaluation of gas-hydrate formations [J]. Petroleum Geoscience. 2010, 16(1): 53-66.

[91] Guggenheim S, van Groos A F K. New gas-hydrate phase: Synthesis and stability of clay--methane hydrate intercalate[J]. Geology. 2003, 31 (7): 653-656.

[92] Gang L, Xiaosen L, Qi C, et al. Numerical simulation of gas production from gas hydrate zone in Shenhu area, South China Sea[J]. Acta Chimica Sinica. 2010, 68(11): 1083-1092.

[93] Konno Y, Oyama H, Nagao J, et al. Numerical analysis of the dissociation experiment of naturally occurring gas hydrate in sediment cores obtained at the eastern Nankai Trough, Japan[J]. Energy & Fuels. 2010, 24(12): 6353-6358.

[94] Francisca F, Yun T S, Ruppel C, et al. Geophysical and geotechnical

properties of near-seafloor sediments in the northern Gulf of Mexico gas hydrate province[J]. Earth and Planetary Science Letters. 2005, 237(3 - 4): 924-939.

[95] 张俊霞,任建业. 天然气水合物研究中的几个重要问题[J]. 地质科技情报. 2001, 20(1): 44-48.

[96] Alkire B D, Andersland O B. The effect of confining pressure on the mechanical properties of sand-ice materials [J]. Journal of Glaciology. 1973, 12(66): 469-481.

[97] Bouyocous G J, Mccool M M. The freezing point method as a new means of measuring the concent ration of the soil solution directly in the soil[J]. Michigan Agricultural Experiment Station Technical Bulletin. 1915, 24: 592-631.

[98] Chamberlain E, Groves C, Perham R. The mechanical behaviour of frozen earth materials under high pressure triaxial test conditions [J]. Geotechnique. 1972, 22(3): 469-483.

[99] 马巍,吴紫汪,盛煜. 围压对冻土强度特性的影响[J]. 岩土工程学报. 1995, 17(5): 7-11.

[100] Ma W, Wu Z, Zhang L, et al. Analyses of process on the strength decrease in frozen soils under high confining pressures[J]. Cold Regions Science and Technology. 1999, 29(1): 1-7.

[101] Qi J, Ma W. A new criterion for strength of frozen sand under quick triaxial compression considering effect of confining pressure[J]. Acta Geotechnica. 2007, 2(3): 221-226.

[102] 王家澄,马巍,吴紫汪,等. 围压作用下冻结砂土微结构变化的电镜分析[J]. 冰川冻土. 1995, 17(2): 152-158.

[103] 李洋辉,宋永臣,刘卫国,等. 温度和应变率对水合物沉积物强度影响试验研究[J]. 天然气勘探与开发. 2012, 35(1): 50-53.

[104] 马小杰. 高温-高含冰量冻土强度及蠕变特性研究[D]. 兰州:中国科学院寒区旱区环境与工程研究所, 2006.

[105] 覃英宏,张建明,郑波,等. 基于连续介质热力学的冻土中未冻水含量与温度的关系[J]. 青岛大学学报(工程技术版). 2008, 23(1): 77-82.

[106] 沈忠言,吴紫汪. 冻土三轴强度破坏准则的基本形式及其与未冻水含量的相关性[J]. 冰川冻土. 1999, 21(1): 22-26.

[107] 徐敩祖,奥利奋特 J. L.,泰斯 A. R. 土水势、未冻水含量和温度[J]. 冰川冻土. 1985, 7(1): 1-14.

[108] 俞茂宏. 强度理论百年总结[J]. 力学进展. 2004, 34(4): 529-560.

[109] 俞茂宏,Yoshimine M.,强洪夫,等. 强度理论的发展和展望[J]. 工程力学. 2004, 21(4): 1-20.

[110] Drucker D C, Prager W. Soil mechanics and plastic analysis for limit design[J]. Quarterly of Applied Mathematics. 1952, 10(2): 157-165.

[111] Mises R V. Mechanik der festen Körper im plastisch deformablen Zustand[J]. Nachrichten von der Gesellschaft der Wissenschaften zu Göttingen, Mathematisch-Physikalische Klasse. 1913, 1913: 582-592.

[112] Ma W, Chang X. Analyses of strength and deformation of an artificially frozen soil wall in underground engineering[J]. Cold Regions Science and Technology. 2002, 34(1): 11-17.

[113] Lai Y, Jin L, Chang X. Yield criterion and elasto-plastic damage constitutive model for frozen sandy soil[J]. International Journal of Plasticity. 2009, 25(6): 1177-1205.

[114] Lai Y M, Gao Z H, Zhang S J, et al. Stress-strain relationships and nonlinear mohr strength criteria of frozen sandy clay[J]. Soils and Foundations. 2010, 50(1): 45-53.

[115] Yang Y, Lai Y, Dong Y, et al. The strength criterion and elastoplastic constitutive model of frozen soil under high confining pressures[J]. Cold Regions Science and Technology. 2010, 60(2): 154-160.

[116] 于锋. 甲烷水合物及其沉积物的力学特性研究[D]. 大连:大连理工大学, 2011.

[117] Xu X, Oliphant J L, Tice A R. Soil-Water Potential and Unfrozen Water Content and Temperature[J]. Journal of Glaciology and Geocryology. 1985, 7(1): 1-11.

[118] Czurda K A, Hohmann M. Freezing effect on shear strength of clayey soils[J]. Applied Clay Science. 1997, 12(1-2): 165-187.

[119] 谢定义,齐吉琳,张振中. 考虑土结构性的本构关系[J]. 土木工程学报. 2000,33(4):35-41.

[120] Jin L, Wang S, Zhang J, et al. Yield criterion and elasto-palstic constitutive model for frozen sandy soil[C]. Recent Development of Research on Permafrost Engineering and Cold Region Environment--Proceedings of the Eighth International Symposium on Permafrost Engineering , Xi'an, China:2009:535-544.

[121] Alonso E E, Gens A, Josa A. A constitutive model for partially saturated soils[J]. Géotechnique. 1990,40(3):405-430.

[122] 马巍. 围压作用下冻土的强度与变形分析[D]. 北京:北京理工大学,2000.

[123] 李栋伟. 高应力下冻土本构关系研究及工程应用[D]. 淮南:安徽理工大学,2005.

[124] 田江永. 强度理论在冻土本构模型中的应用[D]. 咸阳:西北农林科技大学,2006.

[125] 马小杰,张建明,常小晓,等. 高温-高含冰量冻土蠕变试验研究[J]. 岩土工程学报. 2007,29(6):848-852.

[126] 王大雁,马巍,常小晓,等. 深部人工冻土抗变形特性研究[J]. 岩土工程学报. 2005,27(4):418-421.

[127] 朱志武,宁建国,马巍. 冻土屈服面与屈服准则的研究[J]. 固体力学学报. 2006,27(3):307-310.

[128] 马骉,王秉纲,梁光模,等. 多年冻土地区温度对水稳砂砾强度形成影响[J]. 公路. 2005,2005(8):129-133.

[129] 霍明,汪双杰,章金钊,等. 含水率和温度对高含冰量冻土力学性质的影响[J]. 水利学报. 2010,41(10):1165-1172.

[130] 朱元林,张家懿,彭万巍,等. 冻土的单轴压缩本构关系[J]. 冰川冻土. 1992,14(3):210-217.

[131] 蔡中民,朱元林,张长庆. 冻土的粘弹塑性本构模型以及材料参数的确定[J]. 冰川冻土. 1990,12(1):31-40.

[132] 李栋伟,汪仁和,胡璞. 冻黏土蠕变损伤耦合本构关系研究[J]. 冰川冻土. 2007,29(3):446-449.

[133] 罗汀,罗小映. 适用于冻土的广义非线性强度准则[J]. 冰川冻土. 2011, 33(4): 772-777.

[134] Kondner R L. Hyperbolic stress-strain responses: cohesive soils[J]. Journal of soil Mechanics and Foundation Division. 1963, 89(SM1): 115-143.

[135] Kondner R L, Horner J M. Triaxial compression of a cohesive soil with effective octahedral stress control[J]. Canadian Geotechnical Journal. 1965, 2(1): 40-52.

[136] Duncan J M, Chang C Y. Nonlinear analysis of stress and strain in soils [J]. Journal of the Soil Mechanics and Foundations Division. 1970, 96 (5): 1629-1653.

[137] Haeckel M, Suess E, Wallmann K, et al. Rising methane gas bubbles form massive hydrate layers at the seafloor[J]. Geochimica et Cosmochimica Acta. 2004, 68(21): 4335-4345.

[138] Yuan T, Nahar K S, Chand R, et al. Marine gas hydrates: seismic observations of bottom-simulating reflectors off the west coast of Canada and the east coast of India[J]. Geohorizons. 1998, 3(1): 235-239.

[139] Kleinberg R L, Flaum C, Straley C, et al. Seafloor nuclear magnetic resonance assay of methane hydrate in sediment and rock[J]. Journal of Geophysical Research-Solid Earth. 2003, 108(B3): 2137.

[140] Bohrmann G, Kuhs W F, Klapp S A, et al. Appearance and preservation of natural gas hydrate from Hydrate Ridge sampled during ODP Leg 204 drilling[J]. Marine Geology. 2007, 244(1): 1-14.

[141] Kvenvolden K A, Claypool G E, Threlkeld C N, et al. Geochemistry of a naturally occurring massive marine gas hydrate[J]. Organic geochemistry. 1984, 6: 703-713.

[142] 马巍,吴紫汪,张长庆. 冻土的强度与屈服准则[J]. 冰川冻土. 1993, 15(1): 129-133.

[143] Vásárhelyi B. Investigation of Crack Propagation with different confining pressure on anysotropic gneiss [M]. Rock mechanics: a challenge for society, Särkkä, P., Eloranta, P., Eds., Taylor & Francis: Lisse,

The Netherlands, 2001, 187-190.

[144] Singh S K, Jordaan I J. Triaxial tests on crushed ice[J]. Cold Regions Science and Technology. 1996, 24(2): 153-165.

[145] Jones S J, Chew H A M. Creep of ice as a function of hydrostatic pressure [J]. The Journal of Physical Chemistry. 1983, 87 (21): 4064-4066.

[146] Kamath V A, Mutalik P N, Sira J H, et al. Experimental study of brine injection depressurization of gas hydrates dissociation of gas hydrates[J]. SPE Formation Evaluation. 1991, 6(4): 477-484.

[147] Sung W, Lee H, Lee H, et al. Numerical study for production performances of a methane hydrate reservoir stimulated by inhibitor injection [J]. Energy sources. 2002, 24(6): 499-512.

[148] Tang L G, Xiao R, Huang C, et al. Experimental investigation of production behavior of gas hydrate under thermal stimulation in unconsolidated sediment[J]. Energy & fuels. 2005, 19(6): 2402-2407.

[149] Ohgaki K, Takano K, Moritoki M. Exploitation of $CH_4$ hydrates under the Nankai Trough in combination with $CO_2$ storage[J]. Kagaku Kogaku Ronbunshu. 1994, 20(1): 121-123.

[150] Ohgaki K, Takano K, Sangawa H, et al. Methane exploitation by carbon dioxide from gas hydrates-phase equilibria for $CO_2$-$CH_4$ mixed hydrate system[J]. Journal of Chemical Engineering of Japan. 1996, 29 (3): 478-483.

[151] Kimoto S, Oka F, Fushita T, et al. A chemo-thermo-mechanically coupled numerical simulation of the subsurface ground deformations due to methane hydrate dissociation[J]. Computers and Geotechnics. 2007, 34 (4): 216-228.

[152] Lee J Y, Santamarina J C, Ruppel C. Volume change associated with formation and dissociation of hydrate in sediment [J]. Geochemistry Geophysics Geosystems. 2010, 11(3): Q3007.

[153] Masui A, Miyazaki K, Haneda H, et al. Mechanical Characteristics of Natural and Artificial Gas Hydrate Bearing Sediments[C]. Proceedings

of the 6th International Conference on Gas Hydrates (ICGH 2008), Vancouver, British Columbia, Canada, 2008.

[154] Suzuki K, T E, Narita H. Features of methane hydrate-bearing sandy-sediments of the forearc basin along the Nankai trough: Effect on methane hydrate-accumulating mechanism in turbidite [J]. Journal of Geography. 2009, 118(5): 899-912.

[155] Bayles G A, Sawyer W K, Anada H R, et al. A steam cycling model for gas production from a hydrate reservoir[J]. Chemical Engineering Communications. 1986, 47(4-6): 225-245.

[156] Islam M R. A new recovery technique for gas production from Alaskan gas hydrates[J]. Journal of Petroleum Science and Engineering. 1994, 11(4): 267-281.

[157] Kamath V A, Holder G D. Dissociation heat transfer characteristics of methane hydrates[J]. AIChE journal. 2004, 33(2): 347-350.

[158] Phirani J, Mohanty K K, Hirasaki G J. Warm water flooding of unconfined gas hydrate reservoirs [J]. Energy & Fuels. 2009, 23 (9): 4507-4514.

[159] Ullerich J W, Selim M S, Sloan E D. Theory and measurement of hydrate dissociation[J]. AIChE journal. 2004, 33(5): 747-752.

[160] Daigle H, Dugan B. Extending NMR data for permeability estimation in fine-grained sediments[J]. Marine and Petroleum Geology. 2009, 26 (8): 1419-1427.

[161] Sakamoto Y, Komai T, Miyazaki K, et al. Laboratory-scale experiments of the methane hydrate dissociation process in a porous media and numerical study for the estimation of permeability in methane hydrate reservoir[J]. Journal of Thermodynamics. 2010, Article ID 452326.

[162] Alramahi B, Alshibli K A, Fratta D. Effect of fine particle migration on the small-strain stiffness of unsaturated soils[J]. Journal of geotechnical and geoenvironmental engineering. 2009, 136(4): 620-628.

[163] Ji C, Ahmadi G, Smith D H. Natural gas production from hydrate decomposition by depressurization [J]. Chemical Engineering Science.

2001, 56(20): 5801-5814.

[164] Kono H O, Narasimhan S, Song F, et al. Synthesis of methane gas hydrate in porous sediments and its dissociation by depressurizing[J]. Powder Technology. 2002, 122(2): 239-246.

[165] Tsypkin G G. Effect of decomposition of a gas hydrate on the gas recovery from a reservoir containing hydrate and gas in the free state[J]. Fluid Dynamics. 2005, 40(1): 117-125.

[166] Ruan X, Song Y, Zhao J, et al. Numerical simulation of methane production from hydrates induced by different depressurizing approaches[J]. Energies. 2012, 5(2): 438-458.

[167] Vanoudheusden E, Sultan N, Cochonat P. Mechanical behaviour of unsaturated marine sediments: experimental and theoretical approaches[J]. Marine Geology. 2004, 213(1-4): 323-342.

[168] Waite W F, Kneafsey T J, Winters W J, et al. Physical property changes in hydrate-bearing sediment due to depressurization and subsequent repressurization[J]. Journal of Geophysical Research-Solid Earth. 2008, 113(B07102).

[169] Yuan T, Spence G D, Hyndman R D, et al. Seismic velocity studies of a gas hydrate bottom-simulating reflector on the northern Cascadia continental margin: Amplitude modeling and full waveform inversion[J]. Journal of geophysical Research. 1999, 104(B1): 1179-1191.

[170] Guerin G, Goldberg D, Meltser A. Characterization of in situ elastic properties of gas hydrate-bearing sediments on the Blake Ridge[J]. Journal of Geophysical Research-Solid Earth. 1999, 104(B8): 17781-17795.

[171] Collett T S, Lee M W, Agena W F, et al. Permafrost-associated natural gas hydrate occurrences on the Alaska North Slope[J]. Marine and Petroleum Geology. 2011, 28(2): 279-294.

[172] Waite W F, Santamarina J C, Cortes D D, et al. Physical properties of gas hydrate-bearing sediments[J]. Reviews of Geophysics. 2009, 47 (RG4003).

[173] Hyodo M, Yoneda J, Nakata Y, et al. Strength and dissociation pro-

perty of methane hydrate bearing sand[C]. Proceedings of the 7th International Conference on Gas Hydrates (ICGH 2011), Edinburgh, Scotland, United Kingdom, 2011.

[174] Graham J, Alfaro M, Ferris G. Compression and strength of dense sand at high pressures and elevated temperatures[J]. Canadian geotechnical journal. 2004, 41(6): 1206-1212.

[175] Helgerud M B, Waite W F, Kirby S H, et al. Elastic wave speeds and moduli in polycrystalline ice Ih, sI methane hydrate, and sII methane-ethane hydrate [J]. Journal of Geophysical Research. 2009, 114 (B2): B2212.

[176] Nakazono M, Jiang Y, Tanabashi Y. Study on the use possibility of carbon dioxide hydrate in methane hydrate dissolution[C]. The fifth China-Japan Joint Seminar for the Graduate Students in Civil Enginee-ring, Shanghai, China, 2008:97-102.

[177] Espinoza D N, Santamarina J C. P-wave monitoring of hydrate-bearing sand during $CH_4$-$CO_2$ replacement[J]. International Journal of Greenhouse Gas Control. 2011, 5(4): 1031-1038.

[178] Hirohama S, Shimoyama Y, Wakabayashi A, et al. Conversion of $CH_4$-Hydrate to $CO_2$-Hydrate in Liquid $CO_2$ [J]. Journal of Chemical Engineering of Japan. 1996, 29(6): 1014-1220.

[179] Kvamme B, Graue A, Buanes T, et al. Storage of $CO_2$ in natural gas hydrate reservoirs and the effect of hydrate as an extra sealing in cold aquifers[J]. International Journal of Greenhouse Gas Control. 2007, 1(2): 236-246.

[180] Lee H, Seo Y, Seo Y, et al. Recovering methane from solid methane hydrate with carbon dioxide[J]. Angewandte Chemie International Edition. 2003, 42(41): 5048-5051.

[181] Mcgrail B P, Schaef H T, White M D, et al. Using carbon dioxide to enhance recovery of methane from gas hydrate reservoirs: final summary report[R]. Mcgrail B P, Schaef H T, White M D, et al. Using carbon

dioxide to enhance recovery of methane from gas hydrate reservoirs: final summary report [R]. Oak Ridge, TN. : U. S. Department of Energy, 2007.

[182] Uchida T, Kawabata J. Measurements of mechanical properties of the liquid $CO_2$-water-$CO_2$-hydrate system [J]. Energy. 1997, 22 (2-3): 357-361.

[183] Wu L, Grozic J L H. Laboratory analysis of carbon dioxide hydrate-bearing sands[J]. Journal of Geotechnical & Geoenvironmental Engineering. 2008, 134(4): 547-550.

[184] Ordonez C, Grozic J L H. Strength and compressional wave velocity variation in carbon dioxide hydrate bearing ottawa sand[C]. 2011 Pan-Am CGS Geotechnical Conference, Toronto, Canada, 2011.

[185] Winters W J, Pecher I A, Waite W F, et al. Physical properties and rock physics models of sediment containing natural and laboratory-formed methane gas hydrate [J]. American Mineralogist. 2004, 89 (8-9): 1221-1227.

[186] Masui A, Haneda H, Ogata Y, et al. Effects of methane hydrate formation on shear strength of synthetic methane hydrate sediments[C]. Proceedings of The Fifteenth International Offshore and Polar Engineering Conference, Seoul, Korea, 2005:364-369.

[187] Gei D, Carcione J M. Acoustic properties of sediments saturated with gas hydrate, free gas and water[J]. Geophysical Prospecting. 2003, 51 (2): 141-157.

[188] Yun T S, Francisca F M, Santamarina J C, et al. Compressional and shear wave velocities in uncemented sediment containing gas hydrate[J]. Geophysical Research Letters. 2005, 32(L10609).

[189] Ren S R, Liu Y, Liu Y, et al. Acoustic velocity and electrical resis-

tance of hydrate bearing sediments[J]. Journal of Petroleum Science and Engineering. 2010, 70(1-2): 52-56.

[190] 孔亮,郑颖人,姚仰平. 基于广义塑性力学的土体次加载面循环塑性模型(II):理论与模型[J]. 岩土力学. 2003, 24(3): 349-354.

[191] 孔亮,郑颖人,姚仰平. 基于广义塑性力学的土体次加载面循环塑性模型(I):理论与模型[J]. 岩土力学. 2003, 24(2): 141-145.

[192] Hashiguchi K. Subloading surface model in unconventional plasticity [J]. International Journal of Solids and Structures. 1989, 25 (8): 917-945.

[193] Roscoe K H, Schofield A N, Wroth C P. On yielding of soils[J]. Geotechnique. 1958, 8(1): 22-53.

[194] 姚甫昌,谢红建,何世秀. 对修正剑桥模型的认识及试验模拟[J]. 湖北工学院学报. 2004, 19(1): 13-16.

[195] Roscoe K H, Burland J B. On the generalized stress-strain behavior of ʹwetʹ clay[M]. Cambridge City: Cambridge University Press, 1968, 535-609.

[196] 袁克阔,陈卫忠,赵武胜,等. 考虑黏聚力的上下加载面修正剑桥模型及数值实现[J]. 岩石力学与工程学报. 2013, 32(4): 842-848.

[197] Yoneda J, Hyodo M, Nakata Y, et al. Time-dependent elasto-plastic constitutive equation for sedimentary sands supported by methane hydrate[C]. Proceedings of the 12th Japan Symposium on Rock Mechanics, Ube, Japan, 2008.

[198] Hyodo M, Li Y, Yoneda J, et al. Mechanical behavior of gas-saturated methane hydrate-bearing sediments [J]. Journal of Geophysical Research: Solid Earth. 2013, 118(10): 5185-5194.